飞机机电设备维修专业系列丛书

飞机维护实践

王昌昊　王　昭　郑本强　主编

U0274944

航空工业出版社

北　京

内 容 提 要

为适应航空维修行业技能型紧缺人才培养的需求，满足高等院校以就业为导向的办学目标，依据理实虚一体化教学的特点，我们组织多位专业教师，编写了这本《飞机维护实践》教材。本教材的编写思路是以项目为载体、以任务驱动为目标，以具体的工作任务为导向引出相应的知识点，充分调动学生的主动性和能动性，以达到教学目的。

飞机维修包括维护和修理，飞机维护是指为使飞机保持规定的技术状态，所进行的预防性技术活动。随着航空材料更新、飞机制造技术和维修理念的进步，飞机维护工作也在不断发展变化。作为培养航空维修高技术人才学校，专业课程建设要紧贴行业发展变化，让学生在学校就掌握在毕业后的航空维修工作岗位需要的专业理论知识和维护技能。

本书遵循理论与实践相结合的原则，将飞机维护工作、航线保障部分进行了归纳。

图书在版编目(CIP)数据

飞机维护实践／王昌昊，王昭，郑本强主编．--北京：航空工业出版社，2023.5
ISBN 978-7-5165-3331-4

Ⅰ.①飞…　Ⅱ.①王…②王…③郑…　Ⅲ.①飞机-维修-教材　Ⅳ.①V267

中国国家版本馆 CIP 数据核字(2023)第 059187 号

飞机维护实践
Feiji Weihu Shijian

航空工业出版社出版发行
(北京市朝阳区京顺路 5 号曙光大厦 C 座四层　100028)
发行部电话：010-85672675　010-85672678

北京富泰印刷有限责任公司印刷　　全国各地新华书店经售
2023 年 5 月第 1 版　　　　　　　2023 年 5 月第 1 次印刷
开本：787×1092　1/16　　　　　　字数：596 千字
印张：23.5　　　　　　　　　　　定价：58.00 元

编 委 会

主　编　王昌昊（成都航空职业技术学院）

王　昭（成都航空职业技术学院）

郑本强（北京飞机维修工程有限公司）

副主编　马　超（成都航空职业技术学院）

唐　宁（四川航空股份有限公司）

唐浩然（北京飞机维修工程有限公司）

蒋洪兵（成都航空职业技术学院）

参　编　赵　蓉（成都航空职业技术学院）

李茂炎（成都航空职业技术学院）

PREFACE | 前言

为适应民航维修行业技能型紧缺人才培养的需求，满足高等院校以就业为导向的办学目标，依据理论与实习一体化教学的特点，我们编写了《飞机维护实践》教材，帮助学生了解民用航空维修的相关安全规定和维修作风的要求、职业技能与职业素养目标，树立正确的维修意识，掌握安全防护、航空器勤务、绕机检查及航线可更换件拆装等模块知识。

本书遵循理论与实践相结合的原则，以项目为载体、以任务驱动为目标，以具体的工作任务为导向引出相应的知识点，将飞机维护工作、航线保障部分进行了归纳，集专业理论知识和操作技能于一体，体现了系统性和实用性，着力解决掌握航线保障常规工作内容、操作步骤及工作规范性问题。

本书阐述民用航空器航线维修的基础技能培训内容及要求，可切实促进 1+X 证书的"书证融通"，助推职业院校"三教"改革，优化人才培养方案，进而提高民航机务维修专业人才培养质量。本书内容丰富、实用性强，既适合作为高等院校教学用书，也可以作为民用航空器维修培训机构的培训教材和参考书。

本书由王昌昊、王昭、郑本强主编，王昌昊编写模块一和模块四，郑本强编写模块二的项目一，王昭编写模块二的项目二～项目六，马超编写模块二的项目七，唐宁编写模块二的项目八，唐浩然编写模块三的项目一，蒋洪兵编写模块三的项目二～项目四，李茂炎编写模块三的项目五，赵蓉编写模块三的项目六。在编写的过程中，参考了大量民航维修行业的技术资料和书籍，也得到了许多同行的支持和帮助，在此衷心感谢。本书由于编写时间仓促，编者水平有限，难免存在缺点和疏漏之处，敬请广大读者批评指正。

编　者

2022 年 8 月

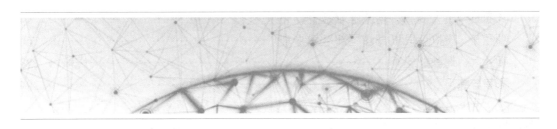

CONTENTS | 目录

模块一　航空器维修的安全防护 ···································· 001

　　项目一　航空器地面运行安全 ······························· 001

　　项目二　机务人员安全保护 ································· 016

　　项目三　机务维修防火安全 ································· 029

　　项目四　机务维修用电安全 ································· 043

　　项目五　高压气瓶的使用 ·································· 054

　　项目六　危险化学品的防护 ································· 066

　　思考与练习 ··· 078

模块二　勤务工作 ·· 081

　　项目一　驾驶舱及风挡清洁 ································· 081

　　项目二　飞机轮胎气压测量 ································· 096

　　项目三　航空器入港接机 ·································· 110

　　项目四　航空器牵引 ····································· 125

　　项目五　航空器系留 ····································· 143

　　项目六　放燃油沉淀 ····································· 162

　　项目七　滑油勤务 ······································ 174

　　项目八　液压油箱勤务 ···································· 186

　　思考与练习 ··· 198

模块三　绕机检查 ·· 201

　　项目一　航线检查 ······································ 201

　　项目二　机头和前起落架区域检查 ···························· 215

　　项目三　飞机右机身前段和右发动机区域检查 ···················· 228

项目四　右大翼和右轮舱区域检查 ·· 244

项目五　飞机后段机身和尾部区域检查 ·· 260

项目六　驾驶舱检查 ·· 273

思考与练习 ··· 294

模块四　航线可更换件拆装 ·· 296

项目一　EMDP 壳体回油滤组件拆装 ·· 296

项目二　发动机高压级活门拆装 ·· 310

项目三　固定式着陆灯拆装 ·· 325

项目四　发动机点火激励器拆装 ·· 339

项目五　飞机机轮拆装 ·· 353

思考与练习 ··· 367

模块一　航空器维修的安全防护

模块解析

　　安全是机务维修永恒的主题，航空器维修工作直接影响航空地面安全，是民航安全生产链条中的重要环节。本模块是本课的基础内容，是开展航空器维修工作的前提，是一切机务工作的奠基石。本模块中的知识点包含航空器地面运行安全、机务人员安全防护、机务维修中的防火和用电安全等基本内容。机务人员只有具备丰富的理论基础知识，才能将安全意识不断融入其中，杜绝隐患漏洞，确保每一次飞行安全。

项目一　航空器地面运行安全

班级：_____　姓名：_____　学号：_____　日期：_____　测评等级：_____

　　有关说明：

　　本项目的实施方案依据《航空器维修基础知识和实作培训规范》编写，适用于指导学生完成学习任务；同时，可作为抽查学习成果和检查学习过程的参考资料。

📝 工作描述

工作任务	航空器地面运行安全	教学模式	任务驱动和行动导向
建议学时	2学时	教学地点	一体化教室
任务描述	安全是一种状态，即通过持续的危险识别和风险管理过程，将人员伤害或财产损失的风险降至并保持在可接受的水平或其以下。只有航空维修系统中各个要素都安全，维修系统才是安全的。 航空器地面运行安全规定是维修人员应该遵守的基本规则。本项目是航空器维修的基本安全知识。维修人员在开展机务维修工作之前，必须对航空器地面运行的基本安全知识有基本认知，这样在机务维护中才能查找安全工作的薄弱环节，排查安全隐患。本项目的知识点包含机务维护一般安全知识、机库安全、外场飞行区安全和航空器停放、防风要求等，掌握本项目的内容可为顺利开展机务维修工作夯实安全基础		

（续）

学习目标	知识目标	1. 掌握人员在维修工作区的行为规范。 2. 熟悉高空作业的规定。 3. 掌握对地面事故的预防措施。 4. 掌握机库安全需要遵循的规则。 5. 熟悉外场飞行区和机坪的安全规定。 6. 掌握工作梯使用的动作要领。 7. 描述工作区域的环境控制。 8. 掌握航空器防风的要求。 9. 掌握维护工具、设备使用的安全规定
	能力目标	1. 能遵循人员在维修工作区的行为规范。 2. 能遵守机务维护中高空作业的规定。 3. 能制定地面事故的预防措施。 4. 能遵循机库安全需要的规则。 5. 能遵循外场飞行区和机坪的安全规定。 6. 能正确使用工作梯。 7. 能对工作区域的环境进行控制。 8. 能做好航空器的防风工作。 9. 能做好工作现场的"6S"管理以及持续改善。 10. 能按计划实施操作
	素质目标	1. 具有爱岗敬业、诚实守信、遵章守纪的良好职业道德。 2. 具备严谨规范、精益求精、吃苦耐劳的优良品质。 3. 具备团队协作、人际沟通良好的社会交往能力。 4. 具备从事本专业工作所需的安全防护、安全文明生产和环境保护等意识。 5. 具备"航空报国、追求卓越"的职业素养

		时段一	时段二
学习准备	维修工作单		
	工具设备	工作证、机上踏布、工具盒、工作梯、轮挡等	
	人员分组	小组人员岗位由组长分配	
	工作岗位	时段一	时段二
	班组长		
	操作人员		
	辅助人员		
	安全监督		
	质量检验		
	"6S"管理		

重、难点	重点	航空器地面运行一般安全规定	
	难点	熟练掌握相关安全规定	

📠 知识链接

一、机务维修一般安全

（1）所有维修人员进入工作区域，必须佩戴与工作或通行区域相符的有效证件，证件不得涂改或转让他人，发现丢失立即报告。无关人员不得在工作现场逗留。

（2）维修人员在工作现场通行时应按照规定路线行走，不得妨碍航空器和车辆通行。接送航空器或指挥航空器试车必须在规定的区域位置。

（3）维修人员从事维修工作要遵守现场的规章制度，工作现场不允许吸烟、嬉闹和随意扔杂物。维修人员工作时应按规定使用劳动保护用品。在客舱内工作时，穿着的工作服、手套应整洁，鞋底无油污、污物，座椅应套上防护罩，过道地毯上应有垫布或应穿上鞋套，不得随意踩踏座椅。

（4）在机翼、机身上工作时，要穿工作鞋或者垫上踏布。在机翼上只能在规定部位行走，在发动机、起落架舱、设备舱等部位工作时只能站在允许踩踏的部位，在任何情况下不能穿带钉鞋在航空器上工作。

（5）维修设备，如工作梯、千斤顶、拖把及各类特种车辆必须保持完好和清洁，工作结束后应按规定放回到规定的区域内，应将动力设备动力源关断，备有刹车和稳定装置的设备应将其放置规定的状态。禁止将工作梯、特种车辆直接接触航空器（除客梯车外，其他车辆与航空器的距离不应小于 10cm）。

（6）在航空器外部高处工作和在有冰、雪、霜的航空器表面工作时，维修人员必须按规定系上安全带，避免跌落受伤。

（7）工具要"三清点"，即工作前清点、工作场所转移时清点、工作后清点。工具"三清点"是为了防止工具遗落在航空器和发动机上。如果发现工具缺少，在不确定是否遗落在航空器上之前，不得放行航空器。

（8）维修人员应熟悉在紧急情况下自救和处理意外事故的方法。

二、机库安全

机库是设备多、空间相对小、安全要求高的区域，使用机库要遵循下列规则：

（1）机库内的各种设备都有定点存放区位。摆放在机库内的地面设备，如梯子、千斤顶等，使用后必须按划线及标注放回原位，严禁占用消防通道。不属于摆放在机库内的地面设备，必须推出机库摆放。

（2）机库的大门、天吊、中频电源、压缩气源等设施设备应由经培训合格人员严格按操作程序和安全规章进行操作。

（3）各种地面设备使用后，应清除污物、恢复到初始状态后，放回指定位置，放好后采用设置支脚、轮挡等手段固定，有防尘要求的应盖好防尘盖、布罩等。

（4）工作结束时应及时关断电、气源设备，将天吊及其小车移至一侧停放位并收短吊缆。

（5）移动地面设备时应注意移动速度和穿行航空器的间距（垂直间距和水平间距）。

一般情况下，水平间距和垂直间距应不小于 50cm。水平间距过小时，应采取适当减速缓行和防擦碰等措施；垂直间距过小时，禁止穿行航空器任何部位（如大型登机工作梯必须绕过机翼推行）。

（6）严禁在机库内使用易燃、易爆、易挥发、有毒的清洗溶液对航空器部件和物品进行大面积的清洗工作。小范围、小面积清洗时，维修人员应遵守防火、防爆、环境保护等有关规定，注意及时清除积存和滴落的液体，且工作时必须将机库大门和机头坞门同时打开保证通风。

（7）严禁将任何油液排放到地面，按工作需要配备一定数量的接油盘、桶，如果发现油液泄漏到地面必须及时处理，燃油用沙子、液压油/滑油等用锯末覆盖，然后及时清除。

（8）机库内不允许使用金属轮挡，必须使用橡胶轮挡，防止刮坏机库地面的漆层。

（9）在机库内严禁使用明火，禁止用敲击金属物的方法打开油桶和油箱盖。

三、外场飞行区和机坪安全

（1）凡进入飞行活动区的维修人员一律佩戴机场公安部门发行的印有本人照片的外场工作证，自行车、摩托车不准进入飞行活动区和停机坪，进入停机坪的车辆必须装有黄色闪光灯，必须有《外场通行证》。

（2）进入停机坪的车速不得超过 25km/h，接近航空器时车速不得超过 5km/h。各种勤务车辆应按规定路线行驶，不得妨碍航空器和人员的安全，禁止各种车辆在机身下、机翼下和旅客中穿行，无关车辆不准进入停机坪和接近航空器。

（3）严禁无场内驾驶证的人员在停机坪开车，禁止用停机坪的车辆拉私人物品上机。

（4）梯子、轮挡、灭火瓶等地面设备使用后放回规定位置。回收的各种油料、空罐必须放在指定位置，不准随便乱丢。

四、工作梯安全

工作梯的正确使用是维修人员和航空器安全的重要保障。

使用前应检查工作梯是否完好可用，确定无缺陷、无故障时方可使用。推较大梯子时应有两个人，观察行进路线是否有障碍物或航空器。当经过航空器大翼或机身下方时，应首先确认工作梯低于机翼或机身，当接近航空器时应放慢行进速度，将工作梯有防撞橡胶皮的部位平行于要接触的航空器部位，工作梯要离航空器 3 ~ 5cm，并锁好固定脚方可上人。

工作梯必须根据相应机型选用，不得将油污、抹布、毛巾等杂物丢放在工作梯上；禁止人员踩在工作梯的扶手上进行工作，使用后将工作梯撤离工作场所并拖到指定地点摆放，将固定脚锁好。检查发现工作梯有缺陷应立即挂牌并通知相关部门维修。

五、工作区域环境控制

（一）工作区域现场保持

工作区域要严格工具"三清点"制度：工作前清点、工作场所转移时清点、工作后清点。

工作中坚持三不落地原则，航空器零部件不能直接放在地上或航空器表面上，应放在工作台或零件架上。工具应放在工具箱、工作台架上，不能放在地上或航空器的相关部位。在轮舱等区域进行油液系统工作时应在轮舱下面放置接油盘或大的容器，防止油液流到地面。

在航空器上工作时，工作前首先应查看工作区域是否有航空器上掉落的小部件，以防工作后将其误当垃圾扔掉。

工作时，应在现场配备垃圾桶或垃圾袋，以便将废弃物放入其中（垃圾收集后不要立即处理，待工作全面结束后再处理）；由清洁人员对集中的垃圾进行处理。

工作时，工具与零部件一定要摆放有序，防止散落丢失。

（二）工作区域的照明

工作区域比较固定时应接手灯或挂灯，工作区域变动较快的可用手电筒。油箱内的照明必须用防爆灯或防爆手电。工作中途休息或离开工作区域，应断掉手灯和挂灯的电源。

（三）工作区域的通风

在封闭的区域工作时，应用风扇或冷气通风，保证空气的流动性。在油箱内工作时必须用冷气或风扇从外部向内部进行强制通风，严禁在油箱内部使用风扇通风。

六、航空器停放

航空器停放时要保持一定的安全距离，一般规定净距标准。航空器净距是为了保证左右相邻航空器之间、滑行或拖行中的航空器与障碍物之间的安全距离。

航空器停放除保持净距外，必须使用轮挡。挡轮挡前应首先检查轮挡的状况，确保轮挡的防滑装置（如地抓、防滑凸起）没有缺失，轮挡的结构完好。放置轮挡前应彻底清除轮挡放置处地面的冰、霜、雪和油垢。必须顶起一个主起落架时应在另一侧主起落架和前起落架机轮前、后放置轮挡并紧贴轮胎。过站放置轮挡的数量和位置，应按维护手册的有关规定执行。

维修人员如果发现停放的航空器发生滑动，要立即通知航空器周围的维修人员，同时立即撤离航空器滑动路线上的地面设备以及工作梯。维修人员分成两拨从航空器滑行路线侧面接近两侧主起落架实施挡轮挡，直至航空器停止滑动。

在机坪和机库执行维修工作时，使用动力设备维修（如动力工具、电源、灯光、动力仪器设备）应进行静电接地，防止静电跳火伤害人员和损坏设备。

七、航空器防风

（一）一般要求和措施

应坚持"预防为主"的方针，保持警惕，防止风害天气特别是阵风、台风对航空器可能造成的危害。应及时与机场气象部门联系，准确地掌握天气情况和气象变化趋势，落实防风措施。航空器地面停留时应按标准要求挡放轮挡，航空器应按标准要求停放和系留。应做好防风设备、器具的维修工作。露天进行航空器维修，当开启或关闭相应的口盖、包皮及顶升航空器时，风速应符合该型航空器维修手册的规定。维修现场应有人监护。

（二）防"大风"级（含）以上风害的要求与措施

气象部门发布大风、台风预报或进入大风、台风季节，即"防风期"。"防风期"到来之前，应做好防风准备工作，包括检查防风设施、器材和用品，保证数量足够、性能符合要求。航空器的风害防护措施应遵循飞离大风区、进入或靠近机库停放、露天安全系留的优先次序。对短时达到大风风速（17.2~20.7m/s）的阵风，也应按大风情况进行准备。

防风期间，夜间应安排足够数量的工作人员值班；航空器应拖到安全的地方迎风停放，有充足的液压油量和压力，刹好停留刹车，挡好轮挡并将轮挡成对缚牢；在条件允许的情况下，应尽量增加航空器的停放间距，并确认邻近的航空器也已系留；航空器襟翼、副翼、升降舵、方向舵、水平安定面应按航空器维修手册的规定放在规定位置；航空器上的各种堵盖、插销、夹板及警告标志应固定牢靠；关好航空器上的门、窗和盖板，移去航空器附近的工作梯、勤务车辆和其他可能被风吹动的设备；根据航空器维修手册的规定应给航空器加重力压载和系留；工作梯、灭火瓶（器）、轮挡等各种可移动的设备应放置在机库内等室内安全地点，放置室外应固定牢靠；各种车辆应停放在背风处，刹好刹车和挡上轮挡；应采取防雨、防水措施，防止雨水浸入航空器及其部件；对于在本场不能采取有效的防风安全措施的航空器，应在大风到达前至少2h转场到其他安全的机场；对于不能转场的航空器，在本场没有安全的避风停放处、采取系留等方法也不能可靠地防止风灾时，应视情况在大风期间采用起动发动机、滑动航空器或用拖车拖动的方法，使航空器随时保持机头迎风停放姿态，防止风灾损伤。

（三）人员的防风安全要求

六级以上强风时，不应在露天环境中进行高空作业。若必须进行高空作业时，应采取可靠的安全保护措施，如佩戴安全帽、系缚安全带等。

不应在露天大风环境中上下航空器和车辆。若必须上下时，应在开关舱（车）门和上下时，抓紧、扶牢舱（车）门或其他固定物。

（四）风灾后果（损失情况）的善后处理

风灾过后，应尽快检查航空器、各种地面设备及工具设备，尤其应详细检查航空器上开口、有孔的部位，如发动机进气口、尾喷口等。

凡因风害（包括阵风、大风、台风及暴雨等）造成航空器及部件损伤和人员伤害的，应在事件发生之后 24h 内将详细情况向有关部门和领导报告。

🔍 任务提示

一、引导文

（1）掌握机务维修一般安全知识。

（2）掌握机库安全、外场飞行区和工作区域环境控制安全知识。

（3）掌握航空器停放和防风的安全知识。

二、工作方法

（1）查阅手册后回答引导问题，可以使用的材料有手册、网络资源等。

（2）以小组讨论的形式完成工作计划。

（3）按照工作计划，完成维修工作单卡的填写和航空器一般维修安全的任务，对于计划中未考虑的问题，请先尽量自行解决，如果无法解决再与培训教师进行讨论。

（4）与教师讨论，进行工作总结。

三、工作内容

（1）分析打印维修工作单卡，拟订测量计划。

（2）工具、耗材的选择。

（3）航空器一般工作安全。

（4）工具、设备、现场"6S"管理。

（5）工作完成后的检查。

四、知识储备

（1）航空器维修一般安全。

（2）机库、飞行区安全和工作区的环境控制。

（3）航空器的停放安全。

（4）航空器的防风要求。

（5）维修工具、设备的使用。

五、注意事项与工作提示

（1）所有维修人员进入工作区域，必须佩戴与工作或通行区域相符的有效证件。

（2）维修人员在工作现场通行时应按照规定路线行走，不得妨碍航空器和车辆通行。

（3）遵守工具清点的规定。

（4）工作结束时应及时关断电、气源设备。

六、劳动安全

（1）在机翼、机身上工作时，要穿工作鞋或者垫上踏布。
（2）维修人员从事维修工作要遵守现场的规章制度。
（3）使用动力设备维修时应进行静电接地，防止静电跳火伤害人员和损坏设备。
（4）维修人员应熟悉在紧急情况下自救和处理意外事故的方法。

七、环境保护

（1）参照飞机维护手册相应章节的内容。
（2）航空器停放时要保持一定的安全距离。
（3）在封闭的区域工作时，应用风扇或冷气通风，以保证空气的流动性。

🛠 工作过程

一、任务咨询

（一）学习任务

1.查阅相关资料，描述"上飞机十不准"。

_____

_____

_____

2.查阅相关资料，说明人员在工作区域通行的规定。

_____

_____

_____

（二）查询任务

1.维修人员进入工作区，必须遵守哪些安全规定？（　　　　）
A.必须佩戴与工作或通行区域相符的有效证件
B.证件不得涂改或转让他人
C.发现证件丢失立即报告
D.无关人员不得在工作现场逗留
2.描述维修人员在机库内进行清洗工作的规定。

_____

_____

_____

3.工作梯使用之前的目视检查标准是什么?

_____

_____

_____

4.在封闭的区域工作时,应用风扇或冷气通风,保证_____。在油箱内工作时必须用冷气或风扇从外部向内部进行强制通风,严禁在油箱内部使用_____。

二、任务计划

(一)查询工作

查询手册,制定本任务工序卡,在表 1-1-1 中表述你的工序。

表 1-1-1　航空器地面运行安全的工序卡

序号	区域	工作步骤	工具/设备	时间
签字		校对		审核
日期				

(二)记录工作

完成该项目需要的设备、工具记录表 1-1-2。

表 1-1-2　航空器地面运行安全需要的设备、工具清单

序号	名称	型号	数量	用途	备注
1					
2					
3					
4					
5					

表 1-1-2（续）

序号	名称	型号	数量	用途	备注
6					
7					
8					
9					

（三）判断

六级以上强风时，任何情况下禁止在露天环境中进行高空作业。（　　　　）

理由：_____

_____

_____

三、任务决策

（一）学习任务

学习该项目前，进行关键技术方面的检查、决策，按表 1-1-3 要点执行。

表 1-1-3　决策要素

序号	决策点	请决策	
1	工序是否完整、科学	是〇	否〇
2	是否遵守人员在机身、机翼工作的规定	是〇	否〇
3	是否遵守人员进入工作区的规定	是〇	否〇
4	是否遵守维修现场的规则制度	是〇	否〇
5	是否做好工具"三清点"工作	是〇	否〇
6	是否熟悉在紧急情况下的自救方法	是〇	否〇
7	是否遵守机库、机坪和飞行区的规定	是〇	否〇
8	劳动保护是否达到要求	是〇	否〇
9	是否征求了教师的意见	是〇	否〇

（二）对比任务

与教师制订的工作方案对比，进行决策分析。

四、任务实施

（一）学习任务

为了工作的精益化，填写学习过程记录表 1-1-4，方便日后总结。

表 1-1-4　航空器地面运行安全学习过程记录

事项	属于精益求精	属于正常操作	用时 /min
材料准备		完成规范操作且符合要求	5
人员进入工作区的规定			
人员在机身、机翼工作的规定			
维修现场的规则制度			
工具"三清点"			
机库、机坪和飞行区的规定			
飞机停放、防风的安全			

（二）实训任务

1. 在机翼、机身上工作时，需要遵守哪些安全规定？

_____

_____

2. 移动工作梯时，需要遵守哪些安全规定？

_____

_____

3. 记录工作区域通风的要求。

_____

_____

（三）巩固任务

描述航空器停放安全距离的规定。

_____

_____

五、任务检查

（一）检查工作

进行完工检查，检查结果记录在之前制定的质量检查记录表中，对不符合要求的质量缺陷，完成表 1-1-5，并分析原因，制定措施。

表 1-1-5　质量分析记录表

航空器地面运行安全			时间	
序号	质量要求	实际状况	差错分析	整改措施
1	人员工作证件的规定			
2	机身、机翼上工作规定			
3	工具"三清点"的要求			
4	飞机停放的规定			
5	飞机防风的规定			

（二）学习任务

检查自己的工作计划，完善表 1-1-6，判断完成的情况。

表 1-1-6　计划完成情况检查表

检查项目	检查结果			完善点	其他
工时执行					
"6S"执行					
质量成果					
学习投入					
获取知识					
技能水平					
安全、环保					
设备使用					
突发事件					

六、任务评价

（一）技能评价

"航空器地面运行安全"由评价人设定航空器运行地面安全的操作流程，依据结果评定等级（1~10 级），完成表 1-1-7。

表 1-1-7　技能等级评定表

类型	评价因子	学生自查		教师评价		
		是	否	是	否	评分等级
综合能力测评 （组内互评）	按时到课					
	工装整齐					
	书、笔齐					
	主动探索					
	服从分配					
	自觉学习					
	团结互助					
	小组合作					
	A					
专业能力测评 （组间互评）	资料准备					
	风险分析					
	安全措施					
	个人防护					
	紧急救护					
	人员资质					
	警示标记					
	作业完成					
	B					

（二）工作页评价

完善工作页评价表 1-1-8。

表 1-1-8　工作页评价表

序号	内容	过程评价			权重	合计
		总分	被复查的任务数	百分制成绩		
1	咨询				0.2	
2	计划				0.2	
3	决策				0.05	
4	实施				0.4	
5	检查				0.15	
工作页成绩 = （工作页评分每项最高 100 分）						C

（三）项目总成绩

完成成绩汇总表 1-1-9。

表 1-1-9　项目总成绩计算表

序号	项目工作的内容	成绩转填		权重	中间成绩
1	技能评价	（A+B）/ 2		0.7	
2	工作页评价	C		0.3	

序号	评价	分数段 / 分	总分：	D
1	非常好	91~100		
2	好	81~90		
3	满意	71~80	评价：	
4	足够	60~70		
5	有缺陷	30~59		
6	未掌握	0~29		

总结与提高

一、汇总分析

（1）通过本次学习，我学到的知识点 / 技能点有：_____

_____

不理解的有：_____

_____

（2）我认为在以下方面还需要深入学习并提升岗位能力，并将自己的评价分数（百分制）标在下图中。

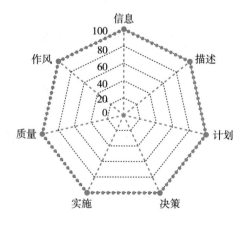

二、他山之石

小组成员评语：_____

_____

教师评语：_____

_____

_____

**维修人员
安全防护**

项目二　机务人员安全保护

班级：_____　姓名：_____　学号：_____　日期：_____　测评等级：_____

有关说明：

　　本项目的实施方案依据《航空器维修基础知识和实作培训规范》编写，适用于指导学生完成学习任务；同时，可作为抽查学习成果和检查学习过程的参考资料。

📝 工作描述

工作任务	机务人员安全保护	教学模式	任务驱动和行动导向
建议学时	2学时	教学地点	一体化教室

任务描述	机务维修人员一般在噪声高、嘈杂、闷热或高空的环境下工作，必须对在有害身体健康和具有潜在危险的环境中工作的机务人员进行劳动安全教育，提供劳动保护，督促其严格执行规章制度，防止出现任何形式的违章冒险作业。 　　在维修工作中危害身体健康和生命安全的因素多种多样，工作中的安全保护尤其重要。本项目介绍航空器维修中人员安全防护的基本知识。开展机务维修工作之前，必须对机务人员自身的安全防护有基本认知，这样在维修工作中才能对风险点进行预想预防，做好机务人员的安全防护工作。本项目的知识点包含机务人员的呼吸保护，手部、眼部和耳部防护等，掌握本项目的内容可为机务人员顺利开展机务维修工作夯实安全基础

学习目标	知识目标	1.掌握机务人员劳动保护用品的配备标准。 2.熟悉机务人员呼吸保护的措施。 3.熟悉机务人员手部保护的措施。 4.熟悉机务人员眼部保护的措施。 5.熟悉机务人员耳部保护的措施。 6.掌握工作服、安全帽和工作鞋的穿着规定。 7.掌握机务高空作业保护的措施。 8.建立机务作业中的安全防护意识
	能力目标	1.能正确选择机务人员劳动保护用品。 2.能遵守机务人员呼吸保护的规定。 3.能遵守机务人员手部保护的规定。 4.能遵守机务人员眼部保护的规定。 5.能遵守机务人员耳部保护的规定。 6.能正确穿着工作服、安全帽和工作鞋。 7.能对工作区域的环境进行控制。

（续）

学习目标	能力目标	8. 能做好航空器的防风工作。 9. 能做好工作现场的"6S"管理以及持续改善。 10. 能按计划实施操作
	素质目标	1. 具有爱岗敬业、诚实守信、遵章守纪的良好职业道德。 2. 具备严谨规范、精益求精、吃苦耐劳的优良品质。 3. 具备团队协作、人际沟通良好的社会交往能力。 4. 具备从事本专业工作的安全防护、安全文明生产和环境保护等意识。 5. 具备"航空报国、追求卓越"的职业素养
学习准备	维修工作单	
	工具设备	防尘口罩、绝缘手套、防静电手套、橡胶手套、耳塞、高空安全带
	人员分组	小组人员岗位由组长分配
	工作岗位	时段一　　　　时段二
	班组长	
	操作人员	
	辅助人员	
	安全监督	
	质量检验	
	"6S"管理	
重、难点	重点	机务人员安全防护的措施
	难点	建立劳动保护的意识

📠 知识链接

维修人员在工作中应当按照 GB/T 11651—2008《个体防护装备选用规范》颁发的劳动防护用品配备标准、维修技术文件以及化学品安全说明书的要求和规定正确选用劳动防护用品。防护功能不符合实际工作需要、有效防护功能最低指标达不到国家有关标准要求、超过有效使用期限的防护品不得使用。个人防护品应避免交叉使用，使用时应注意佩戴卫生。

一、呼吸保护

在没有防护的情况下，任何人都不应暴露在能够或可能危害健康的空气环境中。应选择国家认可的、符合标准要求的呼吸防护用品。使用任何一种呼吸防护用品都应仔细阅读产品使用说明，并严格按要求使用，部分呼吸防护用品在使用前还应当进行相应的培训。除喷漆等特殊工种外，在一般维修工作中，通过呼吸系统影响人体健康的主要因素有粉尘、打磨颗粒物、燃油箱气体、胶水、清洁剂等化学品。维修人员应当按要求正确使用呼吸防护用品，例如，防尘口罩、自吸过滤式防毒呼吸器/面具、隔绝式呼吸器等。

二、手部防护

根据受伤部位对工伤事故进行统计，手部受伤概率最高。为了保护好手部应该根据不同的场所和性质正确选用手套，除电焊、无损检测等特殊工种外，在一般维修工作中，造成手部受伤的外界主要因素有机械施工、振动、电击、高温、寒冷、易燃易爆物品及化学品等。维修人员应当按要求正确使用手部防护用品，如机械危害防护手套、绝缘手套、防静电手套、化学品防护手套、防高温/防寒手套等。

三、眼部（视力）保护

除无损检测、电焊等特种作业的工作外，造成眼部（视力）损伤的外界因素主要有尖锐物、飞屑、粉尘、强光和化学物质。除特种作业外，容易造成损伤的维修工作有打保险、錾凿、打孔、冲压、弯曲、成形、矫直、铆接以及需要接触油液、酸/碱或其他有害化学品的工作等。维修人员应当根据不同的场所和性质按要求正确选用个人用眼护具，如眼镜、眼罩和面罩等。

四、耳部（听力）保护

航空器维修大多处于较高噪声的工作环境，使听觉器官经常处于听力疲劳状态，如果在此状态下继续接触强噪声，会使听觉器官发生功能性改变并发展为器质性病变，这时听力就会永久丧失，所以加强预防和保护是非常重要的。

造成听力损伤的外界因素主要有发动机噪声和铆接时的噪声。选择护听器要充分考虑使用环境和佩戴个体的条件，并且应在提供有效听力保护的同时不影响维修工作的进行，避免过度保护。凡暴露在 80dB（A）（含）以上工作场所的作业人员宜佩戴护耳器（如耳塞或耳罩），超过 85dB（A）（含）以上则必须佩戴。当佩戴护耳器后，人耳接触的噪声值仍超过 85dB（A）（含），应采取双重防护（同时佩戴耳塞和耳罩）。针对发动机噪声的防护，应根据维修手册中的规定采取相应的保护措施，通常应考虑的因素有：发动机功率状态、人体与发动机之间的方位和距离以及工作时长。

五、工作服、头部保护和工作鞋

工作中应遵守所在单位的着装规定和要求。除了单位规定的正常制服外，在维修工作中为消除危险因素，减少对作业人员的威胁，通常使用的一次性防护服装有用于燃油箱作业的防静电工作服，以及用于喷漆或喷涂防腐剂的化学防护服等。

除特殊规定外，在可能存在物体坠落、碎屑飞溅、磕碰、撞击、穿刺、挤压、摔倒及跌落等会伤害头部的场所时，应当佩戴至少具有基本性能的安全帽，安全帽的材料不应与作业环境发生冲突，佩戴时应扣紧并防止碰擦飞机部件、控制开关等。

为使穿着者足腿部免遭作业区域危害，维修人员应当根据不同的场所和性质选择工作鞋。通常情况下，应穿着安全鞋，鞋子装有保护包头以防止脚趾/骨受到机械伤害，鞋底防滑并具有一定的防刺穿性能。另外，常见的防护鞋还有防静电鞋、防化学鞋和防水防滑鞋等。

六、高处作业保护

凡在坠落高度相对于基准面 2m（含）以上，有可能发生坠落的高处进行的作业称为高处作业。高处作业应尽可能地消除危险因素，减少对作业人员的威胁。如果不能完全消除危险，则应最大限度地减少危险程度，至少降低至可接受的水平。例如，对人群的防护应采用带护栏的工作平台，对个人的防护应配置个体坠落防护装备，包括坠落悬挂安全带、区域限制安全带等。安全带应当由专人保管、存储并定期进行检查和校验，使用前应当检查各部位是否完好无损。安全带应拴挂于牢固的构件上，应防止挂点摆动或碰撞。使用坠落悬挂安全带时，挂点应位于工作平面上方。

（一）工作规范

1. 维修人员应掌握高空作业设备的操作方法及安全注意事项。

2. 确保相关设施设备安全可用。例如，高工作梯、安全带无断裂，连接牢固。

3. 确保高空作业的相关区域符合安全规范的要求。例如，设置警示牌，撤离无关人员及设备，安排警戒监控。

4. 高空作业维修人员应与地面人员或设备操作人员建立有效联系。

5. 移动高空作业设备进出作业区域时，速度应缓慢，设备与航空器应保持一定的安全距离。

6. 作业设备移动到位后应确保其处于制动状态。

7. 维修人员登上高空作业设备后，应做好安全防护措施。

8. 执行高空作业时，禁止移动高空作业设备，发现异常情况应立即停止作业。

9. 执行高空作业时，应穿平底鞋。

（二）准备

安全带。

（三）操作

1. 检查安全带，确保其完好可用。例如，检查带体有无开线、裂纹、严重磨损或断股；检查扣环有无弯曲、裂痕，扣紧后确保能够稳固锁紧带体；检查牵锁有无磨损、断丝，牵锁两端安全挂钩有无损坏等；如图 1-2-1 所示。

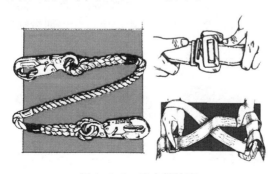

图 1-2-1　安全带检查

2. 穿戴安全带，并检查各连接点、锁紧点连接稳固，如图 1-2-2 所示。

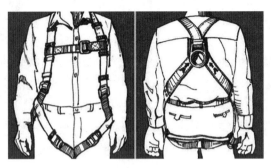

图 1-2-2　安全带穿戴示意图

3. 将安全带的牵锁挂钩固定在高空作业设备平台的安全带系留点，并确保连接牢固，挂钩处于锁定位。高空作业安全带应高挂低用，安全带系留点要高于工作人员的操作平台。

4. 使用安全带、牵锁时，不应出现打结情况。

5. 完成高空作业后，将安全带牵锁从系留点上取下。

（四）收尾

脱下安全带，叠放整齐并对其进行清点，归还相关部门。

🔍 任务提示

一、引导文

（1）掌握机务维修中人员的呼吸保护。

（2）掌握机务维修中人员的手部、眼部和耳部防护。

（3）掌握机务维修中高空作业的安全防护。

二、工作方法

（1）查阅手册后回答引导问题，可以使用的材料有手册、网络资源等。

（2）以小组讨论的形式完成工作计划。

（3）按照工作计划，完成维修工作单卡的填写和人员安全防护的任务，对于计划中未考虑的问题，请先尽量自行解决，如果无法解决再与培训教师进行讨论。

（4）与教师讨论，进行工作总结。

三、工作内容

（1）分析打印维修工作单卡，拟订测量计划。

（2）工具、耗材的选择。

（3）机务人员安全防护措施。

（4）工具、设备、现场"6S"管理。

（5）工作完成后的检查。

四、知识储备

（1）机务人员呼吸保护的措施。
（2）机务人员手、眼、耳部保护的措施。
（3）工作服、安全帽和工作鞋的穿着规定。
（4）高处作业保护的措施。

五、注意事项与工作提示

（1）应选择国家认可的、符合标准要求的呼吸劳动保护用品。
（2）个人防护品应避免交叉使用，使用时应注意佩戴卫生。
（3）维修人员应当根据不同的场所和性质按要求正确选用个人劳保护具。
（4）工作中应遵守所在单位的着装规定和要求。
（5）安全带应当专人保管、存储并定期进行检查和校验。

六、劳动安全

（1）防护功能不符合实际工作需要、有效防护功能最低指标达不到国家有关标准要求、超过有效使用期限的防护品不得使用。
（2）选择劳保用品要充分考虑使用环境和佩戴个体的条件，并且应在提供有效保护的同时不影响维修工作的进行，避免过度保护。
（3）使用坠落悬挂安全带时，挂点应位于工作平面上方。

七、环境保护

（1）参照飞机维护手册相应章节的内容。
（2）针对发动机噪声的防护，应根据维修手册中的规定采取相应的保护措施。
（3）在没有防护的情况下，任何人都不应暴露在能够或可能危害健康的空气环境中。

工作过程

一、任务咨询

（一）学习任务

1.查阅相关资料，描述 MH 3145.91~MH 3145.101《民用航空器维修标准》中关于劳保的规定。

2. 查阅相关资料，如何选择符合要求的劳保用品？

_____

_____

_____

（二）查询任务

1. 凡暴露在（　　　）dB（A）（含）以上工作场所的作业人员必须佩戴护耳器。

A. 75　　　　　　　　B. 80　　　　　　　　C. 85　　　　　　　　D. 90

2. 在哪些情况下应该佩戴呼吸防护用品？

_____

_____

_____

3. 维修人员应当按要求正确使用手部防护用品，劳保手套的类型有哪些？

_____

_____

_____

4. 通常情况下，应穿着_____，鞋子装有保护包头以防止脚趾 / 骨受到机械伤害，鞋底防滑并具有一定的_____性能。另外，常见的防护鞋还有_____鞋、防化学鞋和防水防滑鞋等。

二、任务计划

（一）查询工作

查询手册，制定本任务工序卡，在表 1-2-1 中表述你的工序。

表 1-2-1　机务人员安全防护的工序卡

序号	区域	工作步骤	工具 / 设备	时间
签字		校对		审核	
日期				

（二）记录工作

完成该项目设备、工具和量具记录表 1-2-2。

表 1-2-2　机务人员安全防护需要的设备、工具清单

序号	名称	型号	数量	用途	备注
1					
2					
3					
4					
5					
6					
7					
8					
9					

（三）判断

高空作业必须佩戴安全带，安全带必须高挂低用，安全可靠。（　　　）

理由：_____

_____

三、任务决策

（一）学习任务

学习该项目前，进行关键技术方面的检查、决策，按表 1-2-3 要点执行。

表 1-2-3　决策要素

序号	决策点	请决策	
1	工序是否完整、科学	是〇	否〇
2	是否遵守机务人员呼吸防护的规定	是〇	否〇
3	是否遵守机务人员手部防护的规定	是〇	否〇
4	是否遵守机务人员眼部防护的规定	是〇	否〇
5	是否遵守机务人员耳部防护的规定	是〇	否〇
6	是否遵守机务人员着装的安全规定	是〇	否〇
7	是否遵守高空作业的规定	是〇	否〇
8	劳动保护意识是否建立	是〇	否〇
9	是否征求了教师的意见	是〇	否〇

（二）对比任务

与教师制订的工作方案对比，进行决策分析。

四、任务实施

（一）学习任务

为了工作的精益化，填写学习过程记录表 1-2-4，方便日后总结。

表 1-2-4　机务人员安全保护学习过程记录

事项	属于精益调整	属于正常操作	用时 /min
材料准备		完成规范操作且符合要求	5
明确劳动保护实施的依据			
实施呼吸劳动保护			
实施手、眼、耳部劳动保护			
正确穿着劳保服装			
实施高空作业的劳动保护			

（二）实训任务

1. 根据受伤部位对工伤事故进行统计，（　　）受伤概率最高。

A. 手部　　　　　　　　B. 头部　　　　　　　　C. 眼部　　　　　　　　D. 脚部

2. 哪些场景机务人员需要佩戴眼部护具?

3. 发动机试车时采取人员保护措施应考虑哪些因素?

（三）巩固任务

简述高空作业安全防护的工作规范。

_____

_____

_____

五、任务检查

（一）检查工作

进行完工检查，检查结果记录在之前制定的质量检查记录表中，不符合要求的质量缺陷记录在表 1-2-5 中，分析原因，制定措施。

表 1-2-5　质量分析记录表

机务人员安全防护			时间	
序号	质量要求	实际状况	差错分析	整改措施
1	机务人员呼吸防护的规定			
2	机务人员手部防护的规定			
3	机务人员眼部防护的规定			
4	机务人员耳部防护的规定			
5	机务人员着装的安全规定			
6	高空作业的规定			

（二）学习任务

检查自己的工作计划，完善表 1-2-6，判断完成的情况。

表 1-2-6　计划完成情况检查表

检查项目	检查结果		完善点	其他
工时执行				
"6S" 执行				
质量成果				
学习投入				
获取知识				
技能水平				
安全、环保				
设备使用				
突发事件				

六、任务评价

（一）技能评价

"机务人员安全保护"由评价人设定机务人员安全保护的操作流程，依据结果评定等级（1~10 级），完善表 1-2-7。

表 1-2-7　技能等级评定表

类型	评价因子	学生自查		教师评价		
		是	否	是	否	评分等级
综合能力测评（组内互评）	按时到课					
	工装整齐					
	书、笔齐					
	主动探索					
	服从分配					
	自觉学习					
	团结互助					
	小组合作					
	A					
专业能力测评（组间互评）	资料准备					
	风险分析					
	安全措施					
	个人防护					
	紧急救护					
	人员资质					
	警示标记					
	作业完成					
	B					

（二）工作页评价

完善工作页评价表 1-2-8。

表 1-2-8　工作页评价表

序号	内容	过程评价			权重	合计
		总分	被复查的任务数	百分制成绩		
1	咨询				0.2	
2	计划				0.2	
3	决策				0.05	
4	实施				0.4	

表 1-2-8（续）

序号	内容	过程评价			权重	合计
		总分	被复查的任务数	百分制成绩		
5	检查				0.15	
工作页成绩 =（工作页评分每项最高100分）						C

（三）项目总成绩

完成成绩汇总表 1-2-9。

表 1-2-9　项目总成绩计算表

序号	项目工作的内容	成绩转填	权重	中间成绩
1	技能评价	（A+B）/ 2	0.7	
2	工作页评价	C	0.3	

序号	评价	分数段 / 分	总分：	D
1	非常好	91~100		
2	好	81~90		
3	满意	71~80	评价：	
4	足够	60~70		
5	有缺陷	30~59		
6	未掌握	0~29		

总结与提高

一、汇总分析

（1）通过本次学习，我学到的知识点 / 技能点有：_____

_____

_____

不理解的有：_____

_____

（2）我认为在以下方面还需要深入学习并提升岗位能力，并将自己的评价分数（百分制）标在下图中。

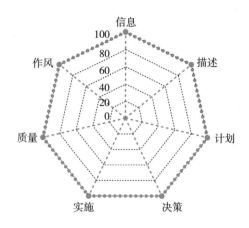

二、他山之石

小组成员评语：_____

_____

_____

教师评语：_____

_____

_____

维修防火安全

项目三　机务维修防火安全

班级：_____　　姓名：_____　　学号：_____　　日期：_____　　测评等级：_____

有关说明：

本项目的实施方案依据《航空器维修基础知识和实作培训规范》编写，适用于指导学生完成学习任务；同时，可作为抽查学习成果和检查学习过程的参考资料。

📝 工作描述

工作任务	机务维修防火安全	教学模式	任务驱动和行动导向
建议学时	2学时	教学地点	一体化教室
任务描述	本实训任务阐述了机坪防火安全要求，包括灭火瓶配置原则、飞机火警时的处置原则和地面灭火规则。作为飞机维修人员，必须掌握机坪防火的知识。依据飞机维护手册的要求，进行机坪防火的预防和处置等操作，保证机务维护的安全要求。 　　了解航空器维修过程中可能发生火灾的火源种类和特点，熟悉各种灭火设备的使用以及灭火方法，是最大可能不发生火灾和使火灾损失降到最小程度的前提。本项目是航空器维修中防火安全的基本知识。开展机务维修工作之前，必须对防火安全有基本认知，这样在维修工作中才能对相关风险点进行预想预防，做好火灾的预防和火情处置工作。本项目的知识点包含燃烧的要素、灭火设备的使用和机坪失火的处置等，掌握本项目的内容可为顺利开展机务维修工作夯实安全基础		
学习目标	知识目标	1.描述火灾的种类和燃烧的基本要素。 2.掌握灭火的原理。 3.熟悉灭火设备的使用方法和注意事项。 4.描述针对飞机不同部位火情的处理措施。 5.掌握对易燃材料的安全防护措施。 6.掌握机坪火情的安全防护措施。 7.熟悉灭火时的动作要领。 8.熟悉消防知识、技能的宣传和培训。 9.熟悉灭火和应急疏散的演练	
	能力目标	1.能正确描述燃烧的分类和燃烧的要素。 2.能正确识别不同的灭火设备。 3.能熟练掌握燃烧的三个阶段特征。 4.能掌握灭火的基本原理。	

（续）

学习目标	能力目标	5. 能掌握灭火设备的使用方法。 6. 能掌握飞机上不同部位火情的处置方案。 7. 能掌握机坪火灾的预防和处置。 8. 能做好工作现场的"6S"管理以及持续改善。 9. 能按计划实施操作	
	素质目标	1. 具有爱岗敬业、诚实守信、遵章守纪的良好职业道德。 2. 具备严谨规范、精益求精、吃苦耐劳的优良品质。 3. 具备团队协作、人际沟通良好的社会交往能力。 4. 具备从事本专业工作的安全防护、安全文明生产和环境保护等意识。 5. 具备"航空报国、追求卓越"的职业素养	
学习准备	维修工作单		
	工具设备	各类灭火器、手套等	
	人员分组	小组人员岗位由组长分配	
	工作岗位	时段一	时段二
	班组长		
	操作人员		
	辅助人员		
	安全监督		
	质量检验		
	"6S"管理		
重、难点	重点	灭火设备的使用方法	重点？难点？
	难点	飞机不同部位火灾的处置	

📠 知识链接

一、燃烧的要素和火的种类

任何物质剧烈地氧化反应，同时发光、发热，称为燃烧。燃烧的三个要素是燃料、氧气和热源，如图 1-3-1 所示。

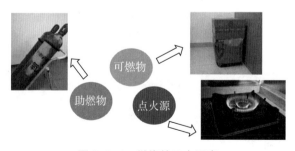

图 1-3-1　燃烧的三个要素

燃料——在常温或某一高温下，任何物质只要能与氧进行反应，并产生大量的热，那么这种被消耗掉的物质称为燃料，例如，木材、燃油和铝合金等。

氧气——氧气在燃烧过程中是不可缺少的物质，氧气通过氧化过程与另一些物质进行反应。

热源——起始引火。热源将有关物质加热到燃点温度，在此温度下，燃烧可以进行得足够快速而无须再从外界获得热量。

燃烧过程分为三个阶段，初期、中期和旺盛期，随着时间的增长，燃烧温度越来越高。图 1-3-2 是燃烧的三个阶段。

图 1-3-2　燃烧的三个阶段

防火的手段是使燃烧三个要素的条件得不到满足，以避免火灾。而灭火则是一旦着火时，迅速而有效地消除或减弱燃烧三个要素中的一个或两个条件，使燃烧停止。

灭火通常使用灭火剂，各种灭火剂的灭火机理基本相同，主要是从以下三个方面来消除或减弱燃烧三个要素：

（1）隔离氧气；

（2）物理冷却，使燃烧物的温度降低到燃点以下；

（3）化学冷却，利用灭火剂化学反应生成的物质阻隔热量的传递，使未燃物与已燃物隔离开。

为了选择最有效的灭火剂，我们需要了解火的种类。根据燃烧物质的不同，按照 GB/T 4968—2008《火灾分类》，将火划分为 A、B、C、D、E、F 六类。

A 类火是一般可燃物的燃烧，例如，木头、纸、布等；

B 类火是液体燃烧，例如，滑油、燃油等；

C 类火是可燃气体燃烧；

D 类火是易燃金属燃烧，例如，铝和镁等；

E 类火是带电火灾，即物体带电燃烧的火灾；

F 类火是烹调器具内的烹饪物（如动植物油脂）。

图 1-3-3 是火的六种类型。

A类火　　　　　　B类火　　　　　　C类火

D类火　　　　　　E类火　　　　　　F类火

图 1-3-3　火的六种类型

二、灭火剂的种类和选择

灭火剂是指能够有效地破坏燃烧条件，终止燃烧的物质。灭火器的种类按所充装的灭火剂可分为水、干粉、惰性冷却气体和卤代烃等。表 1-3-1 列举了这几类典型灭火剂的选择。

表 1-3-1　灭火剂的种类

火的种类	可使用的灭火剂	禁止使用的灭火剂
A 类	卤代烃、干粉、惰性冷却气体、水	
B 类	卤代烃、干粉、惰性冷却气体	水
C 类	卤代烃、干粉、惰性冷却气体	水
D 类	干粉	水、惰性冷却气体（二氧化碳）
E 类	卤代烃、干粉、惰性冷却气体	水
F 类	卤代烃、干粉、惰性冷却气体	水

三、灭火设备的使用

外场和车间一般在规定位置配备有消火栓或清水灭火器（泡沫灭火器）、干粉灭火器、惰性冷却气体灭火器（二氧化碳灭火器）等，图 1-3-4 是常见的典型灭火设备。

使用手提式灭火器灭火时，要除掉铅封，拔掉保险销，左手握着喷管，右手提着压把，在距离火焰 3~5m 的地方，

水系；泡沫；干粉；卤代烃

图 1-3-4　常见的灭火设备

右手用力压下压把，左手拿着喷管前端，瞄准火焰根部，左右摆动喷管，进行扫射。

灭火器应进行日常检查。灭火器压力表的外表面不得有变形、损伤等缺陷，否则应予以更换。压力表的指针是否指在绿区内，否则应充装驱动气体。灭火器喷嘴是否有变形、开裂、损伤等缺陷，否则应予以更换。灭火器的压把、阀体等金属件不得有严重损伤、变形、腐蚀等影响使用的缺陷，否则必须更换。筒体严重变形的、筒体严重锈蚀或连接部位严重锈蚀的必须报废。灭火器的橡胶、塑料件不得变形、变色、老化或断裂，否则必须更换。

四、灭火时注意事项

灭火前应尽快关断航空器电源。有些灭火剂遇热能分解出有毒气体，要注意不要吸入灭火时产生的气体，进入火区时要从上风方向、侧风方向或火头低的方向顺风进入。灭火时应使用灭火剂对准火焰根部喷射，火焰熄灭后要继续喷射一些灭火剂，以防重新燃烧。如果发动机上用泡沫灭火剂灭火后，要及时清洗发动机。机轮灭火要使用干粉灭火剂，从机轮的前方或后方接近，不准站在机轮的侧面（防止轮毂破裂伤人）。刹车过热通常可靠自身冷却或用空气冷却设施加速冷却，不应使用灭火剂。机轮火焰熄灭后，要等机轮完全冷却后才能接近机轮进行检查。

维修人员身体着火时应尽快撤离火区，撤离时不要惊慌奔跑，并尽可能屏住呼吸。可在地上打滚，裹以毡布，或用水喷灭火。使用干粉、泡沫灭火瓶或高压水龙头灭火时，要离开受害人约 10m 远的地方，喷射受害人的身体中部，受害人用手捂住脸，以防受伤。明火扑灭后应立即将受伤人员送往医院救治。

五、机坪防火安全

机坪应设有明显的"禁止烟火"标志，距航空器 15m 范围内不应有任何明火，在机坪上进行明火作业应持有明火作业许可证。地面电源向航空器供电时，应对供电状况进行监护。废弃的易燃液体应盛在经批准的容器内，不应将其倒入排水沟内或倒在机坪及周边草坪上。每个站位、停放位置或沿机坪长度每隔 60m 应至少放一个灭火器材箱，每个灭火器材箱内至少应有总容量不少于 55kg 的推车式灭火器或手提式灭火器。在机坪运行的勤务车辆（空调车、牵引车、气源车、电源车、工具车和除冰车）和服务设备上应至少配有一台灭火剂容量不少于 68kg 的手提式灭火器。

航空器或其附近一旦着火，应立即向机长、机组成员或机上人员报警，以便于组织撤离。

当怀疑着火或货舱有烟雾警告而迫使航空器着陆滑回后，应立即通知消防部门，并在打开货舱门之前撤离机上全部旅客。消防人员到达之前不应打开货舱门。当发现航空器着火时，应立即使用机上或机坪配备的灭火设备灭火，并立即通知消防部门。消防人员应根据火情种类正确选用灭火剂。

为保证航空器维修过程中的防火安全，应组织开展消防知识、技能的宣传教育和培训，组织灭火和应急疏散预案的实施和演练。在机坪工作的维修人员均应经过消防培训，包括对手提式和推车式灭火瓶使用方法的训练。

🔍 任务提示

一、引导文

（1）了解机务维修防火安全的准备事项。

（2）掌握机务维修防火安全的操作流程。

（3）熟悉机务维修防火安全的工作规范。

二、工作方法

（1）查阅手册后回答引导问题，可以使用的材料有手册、网络资源等。

（2）以小组讨论的形式完成工作计划。

（3）按照工作计划，完成维修工作单卡的填写和机务维修防火安全的任务，对于计划中未考虑的问题，请先尽量自行解决，如果无法解决再与培训教师进行讨论。

（4）与教师讨论，进行工作总结。

三、工作内容

（1）分析打印维修工作单卡，拟订测量计划。

（2）工具、耗材的选择。

（3）针对飞机不同部位火情的处置。

（4）工具、设备、现场"6S"管理。

（5）机务维修防火安全实训后的检查。

四、知识储备

（1）机务维修防火安全用品的借用；

（2）燃烧的分类；

（3）灭火设备的识别；

（4）飞机不同部位防火处置；

（5）机坪火情的处置。

五、注意事项与工作提示

（1）地面电源向航空器供电时，应对供电状况进行监护；

（2）灭火前应尽快关断航空器电源；

（3）使用易燃材料应远离明火、火花、电器开关及其他火源；

（4）灭火时应使灭火剂对准火焰根部再喷射；

（5）火焰熄灭后要继续喷射一些灭火剂，以防重新燃烧。

六、劳动安全

（1）距航空器 15m 范围内不应有任何明火；

（2）注意不要吸进灭火时产生的气体，进入火区时要从上风方向、侧风方向或火头低的方向顺风进入；

（3）维修人员身体着火时应尽快撤离火区，撤离时不要惊慌奔跑，并尽可能屏住呼吸；

（4）使用干粉、泡沫灭火瓶或高压水龙头灭火时，要离开受害人约 10m 远的地方，喷射受害人的身体中部。

七、环境保护

（1）参照飞机维护手册相应章节的内容；

（2）机坪应设有明显的"禁止烟火"标志；

（3）在机坪上进行明火作业应持有明火作业许可证。

工作过程

一、任务咨询

（一）学习任务

1.查阅相关资料，描述燃烧的分类。

_____

_____

2.查阅相关资料，描述机坪火情的预防措施。

_____

_____

（二）查询任务

1.燃烧的要素有哪几项？（　　　　）

A.燃料　　　　　　　B.氧气　　　　　　　C.热源　　　　　　　D.明火

2.描述灭火剂的灭火机理。

_____

_____

3.机场灭火器的日常检查标准有哪些?

_____

_____

_____

4.机轮灭火要使用 _____ 灭火剂,从机轮的前方或后方接近,不准站在 _____ ,防止 _____ 。

二、任务计划

(一)查询工作

查询手册,制定本任务工序卡,在表1-3-2中表述你的工序。

表1-3-2　机务维修防火安全实训的工序卡

序号	区域	工作步骤	工具/设备	时间
签字		校对		审核	
日期				

(二)记录工作

完成该项目需要的设备、工具记录表1-3-3。

表1-3-3　机务维修防火安全需要的设备、工具清单

序号	名称	型号	数量	用途	备注
1					
2					
3					
4					
5					
6					

表 1-3-3（续）

序号	名称	型号	数量	用途	备注
7					
8					
9					

（三）判断

维修人员身体着火时应尽快跑步撤离火区。（　　　）

理由：_____

_____

三、任务决策

（一）学习任务

学习该项目前，进行关键技术方面的检查、决策，按表 1-3-4 要点执行。

表 1-3-4　决策要素

序号	决策点	请决策	
1	工序是否完整、科学	是○	否○
2	是否掌握燃烧的要素	是○	否○
3	是否识别燃烧的种类	是○	否○
4	是否识别灭火设备的种类	是○	否○
5	是否掌握灭火设备的使用要领	是○	否○
6	是否能处置飞机不同部位的火情	是○	否○
7	是否能处置机坪的火情	是○	否○
8	劳动保护是否达到要求	是○	否○
9	是否征求了教师的意见	是○	否○

（二）对比任务

与教师制定的工作方案对比，进行决策分析。

_____

_____

_____

四、任务实施

（一）学习任务

为了工作的精益化，填写学习过程记录表 1-3-5，方便日后总结。

表 1-3-5　机务维修防火安全过程记录

事项	属于精益调整	属于正常操作	用时 /min
材料准备		完成规范操作且符合要求	5
燃烧的分类			
灭火设备的识别			
使用灭火设备的动作要领			
对飞机不同部位火情的处置			
对机坪火情的处置			

（二）实训任务

1. 请写出灭火的机理。

_____

_____

_____

2. 请描述刹车过热的处置方案。

_____

_____

_____

3. 当飞机的货舱有烟雾警告而被迫着陆滑回时，应如何处置？

_____

_____

_____

（三）巩固任务

描述机坪上关于灭火瓶配备的规定。

_____

_____

_____

五、任务检查

（一）检查工作

进行完工检查，检查结果记录在之前制订的质量检查记录表中，对不符合要求的质量缺陷，完成表 1-3-6，并分析原因，制定措施。

表 1-3-6 质量分析记录表

序号	机务维修防火安全		时间	
	质量要求	实际状况	差错分析	整改措施
1	燃烧种类的识别			
2	灭火机理的描述			
3	飞机不同火情的处置			
4	机坪防火的规定			

（二）学习任务

检查自己的工作计划，完善表 1-3-7，判断完成的情况。

表 1-3-7 计划完成情况检查表

检查项目	检查结果			完善点	其他
工时执行					
"6S" 执行					
质量成果					
学习投入					
获取知识					
技能水平					
安全、环保					
设备使用					
突发事件					

六、任务评价

（一）技能评价

"机务维修防火安全"由评价人设定机务维修防火安全的操作流程，依据结果评定等级（1~10 级），完善表 1-3-8。

表 1-3-8 技能等级评定表

类型	评价因子	学生自查		教师评价		
		是	否	是	否	评分等级
综合能力测评（组内互评）	按时到课					
	工装整齐					
	书、笔齐					
	主动探索					
	服从分配					

表 1-3-8（续）

类型	评价因子	学生自查		教师评价		
		是	否	是	否	评分等级
综合能力测评（组内互评）	自觉学习					
	团结互助					
	小组合作					
	A					
专业能力测评（组间互评）	资料准备					
	风险分析					
	安全措施					
	个人防护					
	紧急救护					
	人员资质					
	警示标记					
	作业完成					
	B					

（二）工作页评价

完善工作页评价表 1-3-9。

表 1-3-9　工作页评价表

序号	内容	过程评价			权重	合计
		总分	被复查的任务数	百分制成绩		
1	咨询				0.2	
2	计划				0.2	
3	决策				0.05	
4	实施				0.4	
5	检查				0.15	
工作页成绩 =（工作页评分每项最高 100 分）						C

（三）项目总成绩

完成成绩汇总表 1-3-10。

表 1-3-10　项目总成绩计算表

序号	项目工作的内容	成绩转填		权重	中间成绩
1	技能评价	（A+B）/ 2		0.7	
2	工作页评价	C		0.3	

序号	评价	分数段 / 分	总分：	D
1	非常好	91~100		
2	好	81~90		
3	满意	71~80	评价：	
4	足够	60~70		
5	有缺陷	30~59		
6	未掌握	0~29		

总结与提高

一、汇总分析

（1）通过本次学习，我学到的知识点 / 技能点有：_____

_____

不理解的有：_____

_____

（2）我认为在以下方面还需要深入学习并提升岗位能力，并将自己的评价分数（百分制）标在下图中。

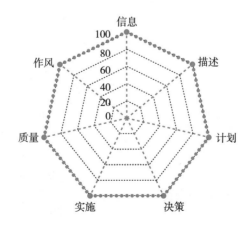

二、他山之石

小组成员评语：_____

_____

_____

教师评语：_____

_____

_____

项目四　机务维修用电安全

班级：_____　姓名：_____　学号：_____　日期：_____　测评等级：_____

有关说明：

　　本项目的实施方案依据《航空器维修基础知识和实作培训规范》编写，适用于指导学生完成学习任务；同时，可作为抽查学习成果和检查学习过程的参考资料。

📝 工作描述

工作任务	机务维修用电安全	教学模式	任务驱动和行动导向
建议学时	2学时	教学地点	一体化教室
任务描述	机务维修工作环境复杂，极易引起电气火灾。为保障机务维修用电安全，机务工作者应掌握用电安全知识，掌握电气设备的操作程序、安全要求及可能出现的危险和相应预防措施，避免电气事故发生。 　　在航空器维护中使用的电气设备包括地面供电装置、航空器专用测试修理设备、移动式用电设备、手持电动工具、防爆电气设备、照明设备等。本项目是航空器维修中用电安全的基本知识。开展机务维修工作之前，必须对用电安全有基本认知，这样在维修工作中才能对相关风险点进行预想预防，做好用电安全的防护工作。本项目的知识点包含用电常识、电器设备的安全使用和航空器通电的安全等，掌握本项目的内容可为顺利开展机务维修工作夯实安全基础		
学习目标	知识目标	1.熟悉用电常识。 2.掌握安全电压的范围。 3.熟悉电器设备的安全使用规定。 4.掌握触电的紧急救护措施。 5.掌握航空器通电前的操作程序。 6.掌握飞机上禁止通电的时机。 7.熟悉禁止通电警示牌的悬挂和断路器的关断。 8.掌握用电知识、进行技能的宣传和培训	
	能力目标	1.能阐述用电常识。 2.能掌握安全电压的范围。 3.能描述电器设备的安全使用规定。 4.能实施触电的紧急救护。 5.能描述航空器通电前的操作程序。 6.能熟记飞机上禁止通电的时机。	

（续）

学习目标	能力目标	7. 会悬挂禁止通电警示牌和插拔断路器。 8. 能做好工作现场的"6S"管理以及持续改善。 9. 能按计划实施操作	
	素质目标	1. 具有爱岗敬业、诚实守信、遵章守纪的良好职业道德。 2. 具备严谨规范、精益求精、吃苦耐劳的优良品质。 3. 具备团队协作、人际沟通良好的社会交往能力。 4. 具备从事本专业工作的安全防护、安全文明生产和环境保护等意识。 5. 具备"航空报国、追求卓越"的职业素养	
学习准备	维修工作单		
	工具设备	禁止通电警示牌、绝缘手套等	
	人员分组	小组人员岗位由组长分配	
	工作岗位	时段一	时段二
	班组长		
	操作人员		
	辅助人员		
	安全监督		
	质量检验		
	"6S"管理		
重、难点	重点	航空器通电安全	
	难点	禁止通电的时机	

📠 知识链接

一、用电常识

人体是导电体，电流通过人体会导致器官遭受电击或触电部位出现电伤。水是电的良导体，大地也能导电，身体潮湿或鞋子潮湿，电流就会通过人体传入大地，引起触电。但如果人的身体不与大地构成回路（如绝缘胶鞋或干燥木凳等），人就不会触电。

人体触电后电流超过安全数值时，心肺失去收缩功能，血液循环停止，从而引起细胞组织缺氧，10～15s便失去知觉；几分钟后，神经细胞开始麻痹，继而死亡。

人触电伤害程度的轻重，与通过人体的电流大小、电压高低、电阻大小、时间长短、电流途经、人的体质状况等有直接关系。我国规定36V及以下电压为安全电压。超过36V，就有触电死亡的危险。

二、电器设备的安全使用

车间设备和航空器使用的电压种类较多，电源来源也各不相同，使用时要注意安全。地面电源向航空器供电的电压、频率和相位，必须符合各型航空器的手册规定。停放在机库或正在检修的航空器，接通机上或地面电源要经现场维修负责人同意。

使用 220V/380V 交流电设备的安装和排除故障，必须由专业电工进行。在维修工作时，如果需要断开有关的电路时应挂上红色警告牌，重新接通电路时应通知机上正在工作的其他人员，防止伤害人员或损坏设备。在没有自动保险（断电）电门的部件上维修时，应将电瓶或地面电源开关置于关断位置并挂上红色警告牌。在维修过程中，若将保险丝取出时，在保险丝座上也应挂上红色警告牌。

维修人员离开航空器时，应将机上和地面电源关断。对油箱进行维修时，航空器油箱内部使用的设备工作电压不应超过 12V，且应使用安全型防爆电气设备。要使用良好的防爆工作灯和手电筒。燃油系统正在进行维修工作，不得接通电源。正在进行喷漆（退漆）或其他需要用易燃液体的工作，不得接通电源。正在进行铺设钢索和电缆工作，不得接通电源。航空器充氧勤务时，不得接通电源。

三、触电的紧急救护措施

触电急救的基本原则是在现场保护伤员生命，并根据伤情迅速联系医疗部门救治。

一旦发生触电事故，应立即切断电源或隔离电源。如果发现伤员呼吸、心跳停止，应就地仰面躺平，确保其气道通畅，迅速进行人工呼吸、胸外心脏按压、氧气吸入或注射呼吸兴奋剂等应急救护。急救的成功条件是动作快、操作正确，任何拖延和操作错误都会导致伤员伤情加重或死亡。

四、航空器通电安全

通电前通知有关维修人员。在插上或拔下电源前，检查电源开关应在关闭位，并接好搭地线。通电前应熟知通电的操作程序和注意事项，严格按规定数据进行测试。

通电时应使用地面电源，检查电源电压应在规定范围内，必须使用机载蓄电瓶时，只允许短时间使用小功率的用电设备。

航空器加放燃油、拆装燃油系统附件、吹洗发动机、铺设钢索、电缆、进行喷漆或其他需用易燃液体、气体工作时禁止通电。

气象雷达打开时，航空器前 90m（视雷达型号而定）应无人、车辆和建筑物等，并在航空器前放置雷达通电警示牌，且雷达俯仰角度不得低于 0°，以免烧坏接收机。

电动配平有故障时，自动驾驶仪（AP）禁止通电。航空器上禁止使用绝缘不良的电器设备。

有关电子、电器设备不能通电时，应及时挂上禁止通电的标牌和拔出断路器，必要时装卡环保险。襟翼系统通电时，襟翼下应无人和障碍物。

🔍 任务提示

一、引导文

（1）了解用电的常识。

（2）掌握电器设备安全使用的基本知识。

（3）掌握航空器通电的基本要求与防护知识。

二、工作方法

（1）查阅手册后回答引导问题，可以使用的材料有手册、网络资源等。

（2）以小组讨论的形式完成工作计划。

（3）按照工作计划，完成维修工作单卡的填写和机务维修用电安全的任务，对于计划中未考虑的问题，请先尽量自行解决，如果无法解决再与培训教师进行讨论。

（4）与教师讨论，进行工作总结。

三、工作内容

（1）分析打印维修工作单卡。

（2）工具、耗材的选择。

（3）航空器通电安全。

（4）工具、设备、现场"6S"管理。

（5）机务维修用电安全实训后的检查。

四、知识储备

（1）用电常识。

（2）电器设备的安全使用。

（3）触电的紧急救护。

（4）航空器的通电。

（5）禁止通电的时机。

五、注意事项与工作提示

（1）地面电源向航空器供电时，应对供电状况进行监护。

（2）航空器充氧勤务时，不得接通电源。

（3）地面电源向航空器供电的电压、频率和相位，必须符合各型航空器的手册规定。

（4）维修人员离开航空器时，应将机上和地面电源关断。

（5）燃油系统正在进行维修工作，不得接通电源。

六、劳动安全

（1）超过36V，人员就有触电死亡的危险。

（2）使用220V/380V交流电设备的安装和排除故障，必须由专业电工进行。

（3）一旦发生触电事故，应立即切断电源或隔离电源。

（4）通电前应熟知通电的操作程序和注意事项，严格按规定数据进行测试。

七、环境保护

（1）参照飞机维护手册相应章节的内容。

（2）气象雷达打开时，航空器前90m（视雷达型号而定）应无人和车辆及建筑物等，并在航空器前放置雷达通电警示牌。

（3）地面电源向航空器供电的电压、频率和相位，必须符合各型航空器的手册规定。

工作过程

一、任务咨询

（一）学习任务

1.查阅相关资料，描述人体导电的机理。

_____

_____

2.查阅相关资料，描述人员触电后的急救措施。

_____

_____

（二）查询任务

1.我国规定（　　）V及以下电压为安全电压。

A. 12　　　　　　　B. 36　　　　　　　C. 72　　　　　　　D. 110

2.描述人员触电后急救成功的条件有哪些?

_____

_____

3.给航空器通电前，有哪些注意事项?

_____

_____

4.维修人员离开航空器时，应将机上和地面电源_____。对油箱进行维修时，航空器油箱内部使用的设备工作电压不应超过_____V，且应使用安全型防爆电气设备。

二、任务计划

（一）查询工作

查询手册，制定本任务工序卡，在表 1-4-1 中表述你的工序。

表 1-4-1　机务维修用电安全实训的工序卡

序号	区域	工作步骤	工具 / 设备	时间
签字		校对		审核
日期				

（二）记录工作

完成该项目需要的设备、工具记录表 1-4-2。

表 1-4-2　机务维修用电安全需要的设备、工具清单

序号	名称	型号	数量	用途	备注
1					
2					
3					
4					
5					
6					
7					
8					
9					

（三）判断

使用 220V/380V 交流电设备的安装和排除故障，必须由航空电子专业人员进行。
（　　　）

理由:＿＿＿＿＿＿＿＿＿＿＿＿＿＿＿＿＿＿＿＿＿＿＿＿＿＿＿＿＿＿＿＿＿＿
＿＿＿＿＿＿＿＿＿＿＿＿＿＿＿＿＿＿＿＿＿＿＿＿＿＿＿＿＿＿＿＿＿＿＿＿＿＿
＿＿＿＿＿＿＿＿＿＿＿＿＿＿＿＿＿＿＿＿＿＿＿＿＿＿＿＿＿＿＿＿＿＿＿＿＿＿

三、任务决策

(一)学习任务

学习该项目前,进行关键技术方面的检查、决策,按表1-4-3要点执行。

表1-4-3 决策要素

序号	决策点	请决策	
1	工序是否完整、科学	是○	否○
2	是否掌握用电的安全常识	是○	否○
3	是否掌握安全电压的范围	是○	否○
4	是否掌握飞机通电前的注意事项	是○	否○
5	是否掌握禁止通电的时机	是○	否○
6	是否掌握给飞机通电的程序	是○	否○
7	是否掌握触电后的紧急救护措施	是○	否○
8	劳动保护是否达到要求	是○	否○
9	是否征求了教师的意见	是○	否○

(二)对比任务

与教师制订的工作方案对比,进行决策分析。

＿＿＿＿＿＿＿＿＿＿＿＿＿＿＿＿＿＿＿＿＿＿＿＿＿＿＿＿＿＿＿＿＿＿＿＿＿＿
＿＿＿＿＿＿＿＿＿＿＿＿＿＿＿＿＿＿＿＿＿＿＿＿＿＿＿＿＿＿＿＿＿＿＿＿＿＿

四、任务实施

(一)学习任务

为了工作的精益化,填写学习过程记录表1-4-4,方便日后总结。

表1-4-4 机务维修用电安全过程记录

事项	属于精益调整	属于正常操作	用时/min
材料准备		完成规范操作且符合要求	5
绝缘手套的使用			
飞机通电前的注意事项			
禁止通电的时机			
触电后的紧急救护措施			
飞机通电的程序			

（二）实训任务

1.给飞机通电时如何选择电源？

_____

_____

_____

2.请描述触电急救的基本原则。

_____

_____

_____

有关电子、电器设备不能通电时，应及时挂上 _____ 和拔出 _____，必要时装卡环保险。

（三）巩固任务

哪些设备需要采取接地保护措施？

_____

_____

_____

五、任务检查

（一）检查工作

进行完工检查，检查结果记录在之前制定的质量检查记录表中，对不符合要求的质量缺陷，完成表1-4-5，并分析原因，制定措施。

表1-4-5　质量分析记录表

机务维修用电安全			时间	
序号	质量要求	实际状况	差错分析	整改措施
1	安全电压			
2	通电电源的选择			
3	飞机通电前的要求			
4	禁止通电的时机			

（二）学习任务

检查自己的工作计划，完善表1-4-6，判断完成的情况。

表 1-4-6 计划完成情况检查表

检查项目	检查结果			完善点	其他
工时执行					
"6S" 执行					
质量成果					
学习投入					
获取知识					
技能水平					
安全、环保					
设备使用					
突发事件					

六、任务评价

（一）技能评价

"机务维修用电安全"由评价人设定机务维修用电安全的操作流程，依据结果评定等级（1~10 级），完善表 1-4-7。

表 1-4-7 技能等级评定表

类型	评价因子	学生自查		教师评价		
		是	否	是	否	评分等级
综合能力测评 （组内互评）	按时到课					
	工装整齐					
	书、笔齐					
	主动探索					
	服从分配					
	自觉学习					
	团结互助					
	小组合作					
	A					
专业能力测评 （组间互评）	资料准备					
	风险分析					
	安全措施					
	个人防护					
	紧急救护					
	人员资质					
	警示标记					
	作业完成					
	B					

（二）工作页评价

完善工作页评价表 1-4-8。

表 1-4-8　工作页评价表

序号	内容	过程评价			权重	合计
		总分	被复查的任务数	百分制成绩		
1	咨询				0.2	
2	计划				0.2	
3	决策				0.05	
4	实施				0.4	
5	检查				0.15	
工作页成绩 = （工作页评分每项最高 100 分）						C

（三）项目总成绩

完成成绩汇总表 1-4-9。

表 1-4-9　项目总成绩计算表

序号	项目工作的内容	成绩转填	权重	中间成绩
1	技能评价	（A+B）/ 2	0.7	
2	工作页评价	C	0.3	

序号	评价	分数段 / 分	总分：	D
1	非常好	91~100		
2	好	81~90		
3	满意	71~80		
4	足够	60~70	评价：	
5	有缺陷	30~59		
6	未掌握	0~29		

总结与提高

一、汇总分析

（1）通过本次学习，我学到的知识点 / 技能点有：_____

_____

_____

不理解的有：_____

_____

_____

（2）我认为在以下方面还需要深入学习并提升岗位能力，并将自己的评价分数（百分制）标在下图中。

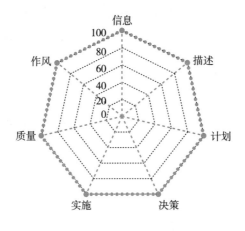

二、他山之石

小组成员评语：_____

_____

_____

教师评语：_____

_____

_____

高压气瓶的
使用

项目五　高压气瓶的使用

班级：_____　姓名：_____　学号：_____　日期：_____　测评等级：_____

有关说明：

本项目的实施方案依据《航空器维修基础知识和实作培训规范》编写，适用于指导学生完成学习任务；同时，可作为抽查学习成果和检查学习过程的参考资料。

📝 工作描述

工作任务	高压气瓶的使用	教学模式	任务驱动和行动导向
建议学时	2 学时	教学地点	一体化教室
任务描述	对高压气瓶进行充装、运输、存储和使用时，应遵守《民用航空器维修　地面安全》第 22 部分 MH/T 3011.22—2006《地面高压气瓶的充装和使用》的相关规定。 地面气瓶的安全使用涉及气瓶的运输、储存、使用和充灌等安全规定。应对气瓶的运输（含装卸及驾驶）、储存和使用人员进行安全技术教育培训，制定预防气瓶事故措施。本项目是航空器维修中地面气瓶安全使用的基本知识。开展机务维修工作之前，必须对地面气瓶安全使用有基本认知，这样在维修工作中才能对相关风险点进行预想预防，做好地面气瓶使用的防护工作。本项目的知识点包含气瓶的运输、存储、使用和检验工作等，掌握本项目的内容可为顺利开展机务维修工作夯实安全基础		
学习目标	知识目标	1. 熟悉高压气瓶的概念。 2. 掌握气瓶的运输安全要求。 3. 掌握气瓶的存储安全要求。 4. 掌握气瓶的使用安全要求。 5. 掌握气瓶的检验要求。 6. 掌握航空器充氧安全要求。 7. 掌握航空器充氧人员资质的要求。 8. 掌握气瓶使用安全知识，做好技能的宣传和培训	
	能力目标	1. 能阐述气瓶按压力的分类。 2. 能描述气瓶的运输安全要求。 3. 能描述气瓶的存储安全要求。 4. 能描述气瓶的使用安全要求。 5. 能描述气瓶的检验要求。	

（续）

学习目标	能力目标	6.能掌握航空器充氧的要求。 7.能掌握航空器充氧人员资质的要求。 8.能做好工作现场的"6S"管理以及持续改善。 9.能按计划实施操作	
	素质目标	1.具有爱岗敬业、诚实守信、遵章守纪的良好职业道德。 2.具备严谨规范、精益求精、吃苦耐劳的优良品质。 3.具备团队协作、人际沟通良好的社会交往能力。 4.具备从事本专业工作的安全防护、安全文明生产和环境保护等意识。 5.具备"航空报国、追求卓越"的职业素养	
学习准备	维修工作单		
	工具设备	高压气瓶、"禁止烟火"的警示牌、消防器材	
	人员分组	小组人员岗位由组长分配	
	工作岗位	时段一	时段二
	班组长		
	操作人员		
	辅助人员		
	安全监督		
	质量检验		
	"6S"管理		
重、难点	重点	气瓶的使用安全	重点？难点？
	难点	充氧的安全规定	

📠 知识链接

航空器维修人员经常使用的地面高压气瓶包括氮气瓶、氧气瓶、灭火瓶等，气瓶按工作压力分为高压气瓶和低压气瓶，高于 8MPa（1160 psi）为高压气瓶，低于 8MPa 为低压气瓶。航空器的轮胎、缓冲支柱、储压器等部件中需要使用氮气，维修工作中需要为氮气瓶进行充氮气工作。

一、气瓶的运输

应装好气瓶瓶帽和防震圈（集装气瓶除外），轻装轻卸，不应抛、滑、滚、碰气瓶。装卸时不应使用电磁起重机和链绳。与瓶内气体相互接触能引起燃烧、爆炸的气瓶不应同车（厢）运输。易燃、易爆、腐蚀性物品或与瓶内气体起化学反应的物品，不应与气瓶一起运输。气瓶应妥善固定在车上。夏季运输应有遮阳设备，避免曝晒。

二、气瓶的储存

气瓶应置于专用仓库储存，气瓶仓库应符合 GB 50016—2014《建筑设计防火规范》的规定。仓库内应通风、干燥、避免阳光直射。空瓶与实瓶应分开放置，并应有明显标志。气瓶放置应整齐，装好瓶帽和防震圈。立放时，应采取防倒措施。横放时，头部应朝向同一方向，垛高不应超过 5 层。图 1-5-1 是典型的气瓶立放时的固定方式。

图 1-5-1　典型的气瓶立放时的固定方式

三、气瓶的使用

不应擅自更改气瓶的钢印和颜色标志，气瓶颜色标志应符合 GB/T 7144—2016《气瓶颜色标志》的规定，气瓶使用前应对其进行安全状态检查，对盛装气体进行确认。气瓶的放置地点不应靠近超过 40℃的热源，应距明火 10m 以外，不应用温度超过 40℃的热源对气瓶进行加热。在夏季应防止气瓶曝晒。不应敲击、碰撞气瓶。不应在气瓶上进行电焊引弧。瓶内气体不应用尽，应留有剩余的压力，瓶内剩余压力不应小于 0.05MPa。打开任何高压气瓶阀门时，动作应缓慢，以减轻气瓶气体摩擦和冲击，关阀门时应轻而严，不应用力过大，避免关得太紧。打开气瓶阀门前，应确认所连导管牢固可靠，气体出口不应对准人体，以免发生事故。使用瓶内的气体应采用减压措施，正确调整使用压力，以免发生事故。盛装助燃和不可燃气体的气瓶瓶阀的出气口螺纹为右旋螺纹，盛装可燃气体的气瓶瓶阀的出气口螺纹为左旋螺纹。

四、气瓶的检验

气瓶应定期送到具有检验资质的法定检验机构进行检验。气瓶在使用过程中，发现有严重腐蚀、损坏或对其安全可靠性有怀疑时，应提前进行检验。库存和停用时间超过一个检验周期的气瓶，启用前应进行检验。

任何单位和个人不应改装气瓶或将报废气瓶翻新后使用。

五、航空器充氧安全

航空器的驾驶舱和客舱（某些航空器）需要配备固定式氧气瓶，为驾驶员和乘客在需要时提供氧气，维修工作中需要为航空器进行充氧气工作。

氧气是助燃气体，充氧区域周围可能存在滑油、油脂、易燃溶剂、灰尘、棉絮、细小金属屑或其他易燃物质，当这些物质与高压氧气接触时可能引起着火或爆炸。航空器充氧的操作程序应按该型航空器维修手册的规定执行。

充氧设备操作人员应经过充氧安全知识和充氧设备使用的培训，具备特种作业上岗资格。承担航空器充氧操作的维修人员应经过充氧安全知识和相应机型航空器充氧操作培训，具备上岗资格。

充氧设备操作人员应掌握航空器氧气系统的操作、相关地面充氧设备和充压接口的连接、实施充氧的相关工程指令和维修规则。实施充氧的人员应穿着无油迹、防静电的工作服和手套，并用无脂清洗剂洗净手上的油脂。

充氧现场应备有足够的消防器材和"禁止烟火"的标志。航空器充氧不应在机库内进行。机库内除待装的氧气瓶外，不应存放其他氧气瓶。航空器充氧时不能从事加（放）燃油、通电（有特殊要求的航空器除外）以及其他可能引起电弧火花的维修工作。在充氧设备 15m 半径区域内严禁明火和吸烟。充氧点与其他航空器、车辆和构筑物之间的距离应不小于 15m。氧气瓶存放处的温度应低于 51.7℃（125 ℉）。需要存放于室外时，应防止日光直射、冰雪作用和腐蚀。氧气瓶和氧气车余压不应低于 0.1MPa。

雷电天气时不应对航空器充氧。航空器和充氧设备应接地良好。如需人工照明应使用有防爆功能的灯或手电筒。充氧设备、导管和航空器充氧转接头上的堵盖应在为充氧而实施连接前去除。充氧时如果人员的衣服渗入了过量氧气，应远离裸灯或其他热源，敞开衣服 15min 以上或用空气彻底通风。充氧时若出现氧气泄漏并在航空器机舱内产生了聚集，应立即采取通风措施吹散聚集的氧气。充氧时距充氧点 15m 以内不应使用手机、对讲机等。专门存放氧气瓶的区域内应挂上醒目的"氧气""禁止吸烟""禁止明火"告示牌或类似标志。

🔍 任务提示

一、引导文

（1）了解地面气瓶运输和存储的安全知识。
（2）掌握地面气瓶使用的安全事项。
（3）掌握航空器充氧的安全操作和注意事项。

二、工作方法

（1）查阅手册后回答引导问题，可以使用的材料有手册、网络资源等。
（2）以小组讨论的形式完成工作计划。
（3）按照工作计划，完成维修工作单卡的填写和高压气瓶使用的任务，对于计划中未考虑的问题，请先尽量自行解决，如果无法解决再与培训教师进行讨论。
（4）与教师讨论，进行工作总结。

三、工作内容

（1）分析打印维修工作单卡。

（2）工具、耗材的选择。

（3）气瓶的使用安全。

（4）工具、设备、现场"6S"管理。

（5）气瓶使用后的检查。

四、知识储备

（1）气瓶的运输。

（2）气瓶的存储。

（3）气瓶的使用。

（4）气瓶的检验。

（5）航空器充氧。

五、注意事项与工作提示

（1）应装好气瓶瓶帽和防震圈（集装气瓶除外），轻装轻卸，不应抛、滑、滚、碰气瓶。

（2）不应擅自更改气瓶的钢印和颜色标志。

（3）气瓶颜色标志应符合 GB/T 7144—2016《气瓶颜色标志》的规定。

（4）气瓶使用前应对其进行安全状态检查，对盛装气体进行确认。

（5）充氧设备操作人员应掌握航空器氧气系统的操作、相关地面充氧设备和充压接口的连接、实施充氧的相关工程指令和维修规则。

六、劳动安全

（1）夏季运输应有遮阳设备，避免曝晒。

（2）不应敲击、碰撞气瓶。

（3）充氧现场应备有足够的消防器材和"禁止烟火"的标志。

（4）充氧时距充氧点 15m 以内不应使用手机、对讲机等。

七、环境保护

（1）参照飞机维护手册相应章节的内容。

（2）气瓶应置于专用仓库储存，气瓶仓库应符合 GB 50016—2014《建筑设计防火规范》的规定。

（3）存储气瓶的仓库内应通风、干燥、避免阳光直射。

⚙ 工作过程

一、任务咨询

（一）学习任务

1. 查阅相关资料，描述机务维修使用气瓶的分类。

_____

_____

2. 查阅相关资料，描述气瓶存储仓库的规定。

_____

_____

_____

（二）查询任务

1. 我国规定高于（　　）MPa 为高压气瓶。

A. 4　　　　　　　　B. 8　　　　　　　　C. 12　　　　　　　　D. 16

2. 描述打开高压气瓶时的动作要领。

_____

_____

_____

3. 气瓶在使用过程中，什么情况下需要对气瓶提前检验？

_____

_____

_____

4. 实施充氧的人员应穿着 _____、_____ 的工作服和手套，并用无脂清洗剂洗净手上的油脂。

二、任务计划

（一）查询工作

查询手册，制定本任务工序卡，在表 1-5-1 中表述你的工序。

表 1-5-1　高压气瓶的使用实训的工序卡

序号	区域	工作步骤	工具/设备	时间

表 1-5-1（续）

序号	区域	工作步骤	工具/设备	时间
签字		校对		审核
日期				

（二）记录工作

完成该项目需要的设备、工具记录表 1-5-2。

表 1-5-2　高压气瓶的使用需要的设备、工具清单

序号	名称	型号	数量	用途	备注
1					
2					
3					
4					
5					
6					
7					
8					
9					

（三）判断

航空器的轮胎、缓冲支柱、储压器等部件中需要使用高压冷气。（　　　　）

理由：_____

_____

_____

三、任务决策

（一）学习任务

学习该项目前，进行关键技术方面的检查、决策，按表 1-5-3 要点执行。

表 1-5-3　决策要素

序号	决策点	请决策	
1	工序是否完整、科学	是○	否○
2	是否掌握气瓶的分类	是○	否○
3	是否掌握气瓶的运输	是○	否○
4	是否掌握气瓶的存储	是○	否○
5	是否掌握气瓶的使用	是○	否○
6	是否掌握气瓶的检验	是○	否○
7	是否掌握充氧的安全规定	是○	否○
8	劳动保护是否达到要求	是○	否○
9	是否征求了教师的意见	是○	否○

（二）对比任务

与教师制订的工作方案对比，进行决策分析。

四、任务实施

（一）学习任务

为了工作的精益化，填写学习过程记录表 1-5-4，方便日后总结。

表 1-5-4　高压气瓶的使用过程记录

事项	属于精益调整	属于正常操作	用时 /min
材料准备		完成规范操作且符合要求	5
气瓶的分类			
气瓶的运输			
气瓶的存储			
气瓶的使用			
气瓶的检验			
充氧的安全			

（二）实训任务

1. 气瓶的运输有哪些注意事项？

2. 请描述充氧现场有哪些要求？

_____

_____

_____

3. 充氧时如果人员的衣服渗入了过量氧气，应远离 _____ 或其他热源，敞开衣服 _____ min 以上或用空气彻底通风。充氧时若出现氧气泄漏并在航空器机舱内产生了聚集，应立即采取 _____ 措施吹散聚集的氧气。

（三）巩固任务

气瓶的气体能否用尽，为什么？

_____

_____

_____

五、任务检查

（一）检查工作

进行完工检查，检查结果记录在之前制定的质量检查记录表中，对不符合要求的质量缺陷，完成表 1-5-5，并分析原因，制定措施。

表 1-5-5　质量分析记录表

高压气瓶的使用			时间	
序号	质量要求	实际状况	差错分析	整改措施
1	气瓶的存储			
2	气瓶的运输			
3	气瓶的使用			
4	气瓶的检验			
5	充氧的安全			

（二）学习任务

检查自己的工作计划，完善表 1-5-6，判断完成的情况。

表 1-5-6　计划完成情况检查表

检查项目	检查结果			完善点	其他
工时执行					
"6S" 执行					
质量成果					
学习投入					
获取知识					

表 1-5-6（续）

检查项目	检查结果			完善点	其他
技能水平					
安全、环保					
设备使用					
突发事件					

六、任务评价

（一）技能评价

"高压气瓶的使用"由评价人设定高压气瓶的使用的操作流程，依据结果评定等级（1~10 级），完善表 1-5-7。

表 1-5-7　技能等级评定表

类型	评价因子	学生自查		教师评价		
		是	否	是	否	评分等级
综合能力测评 （组内互评）	按时到课					
	工装整齐					
	书、笔齐					
	主动探索					
	服从分配					
	自觉学习					
	团结互助					
	小组合作					
	A					
专业能力测评 （组间互评）	资料准备					
	风险分析					
	安全措施					
	个人防护					
	紧急救护					
	人员资质					
	警示标记					
	作业完成					
	B					

（二）工作页评价

完善工作页评价表 1-5-8。

表 1-5-8　工作页评价表

序号	内容	过程评价			权重	合计
		总分	被复查的任务数	百分制成绩		
1	咨询				0.2	
2	计划				0.2	
3	决策				0.05	
4	实施				0.4	
5	检查				0.15	
工作页成绩 =（工作页评分每项最高 100 分）						C

（三）项目总成绩

完成成绩汇总表 1-5-9。

表 1-5-9　项目总成绩计算表

序号	项目工作的内容	成绩转填	权重	中间成绩
1	技能评价	（A+B）/ 2	0.7	
2	工作页评价	C	0.3	

序号	评价	分数段 / 分	总分：	D
1	非常好	91~100		
2	好	81~90		
3	满意	71~80	评价：	
4	足够	60~70		
5	有缺陷	30~59		
6	未掌握	0~29		

总结与提高

一、汇总分析

（1）通过本次学习，我学到的知识点 / 技能点有：_____

_____

_____

不理解的有：_____

_____

（2）我认为在以下方面还需要深入学习并提升岗位能力，并将自己的评价分数（百分制）标在下图中。

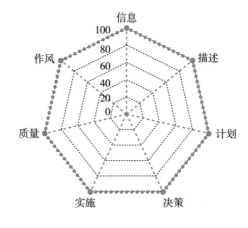

二、他山之石

小组成员评语：_____

_____

_____

教师评语：_____

_____

_____

危险化学品
安全防护

项目六　危险化学品的防护

班级：_____　姓名：_____　学号：_____　日期：_____　测评等级：_____

有关说明：

　　本项目的实施方案依据《航空器维修基础知识和实作培训规范》编写，适用于指导学生完成学习任务；同时，可作为抽查学习成果和检查学习过程的参考资料。

工作描述

工作任务	危险化学品的防护	教学模式	任务驱动和行动导向
建议学时	2 学时	教学地点	一体化教室
任务描述	国际航空运输协会把在运输、装卸或储存保管过程中容易造成人身伤亡和财产损毁而需要特别防护的物品均列为危险化学品。作为飞机维修人员，在日常的工作中，总会见到形形色色的化学制品。应依据飞机维护手册的要求，进行危险化学品的识别和防护处置等操作，达到机务维护的安全要求。 危险化学品一般具有易燃易爆、有毒或有污染、有腐蚀性或氧化性、放射性等性质。本项目关于航空器维修中危险化学品使用的基本知识。开展机务维修工作之前，必须对危险化学品的使用有基本认知，这样在维修工作中才能对相关风险点进行预想预防，做好危险化学品使用的防护工作。本项目的知识点包括危险化学品的识别、易燃性材料的安全防护和常见油液的安全防护工作等，掌握本项目的内容可为顺利开展机务维修工作夯实安全基础		
学习目标	知识目标	1. 描述危险化学品的种类。 2. 掌握危险化学品的分类方法。 3. 熟悉危险化学品的特性。 4. 描述针对常见油液的安全防护措施。 5. 掌握对易燃材料的安全防护措施。 6. 掌握对特殊化学品的安全防护措施。 7. 熟悉闪点的定义。 8. 识别不同危险化学品的标志符号。 9. 描述机务维护中关于水银的使用规定	
	能力目标	1. 能正确对危险化学品进行分类。 2. 能正确识别不同的危险化学品。 3. 能熟练掌握危险化学品的特性。	

（续）

学习目标	能力目标	4.能掌握针对常见油液的安全防护措施。 5.能掌握针对易燃材料的安全防护措施。 6.能掌握针对特殊化学品的安全防护措施。 7.能掌握淋浴器和冲眼器的使用方法。 8.能做好工作现场的"6S"管理以及持续改善。 9.能按计划实施操作	
	素质目标	1.具有爱岗敬业、诚实守信、遵章守纪的良好职业道德。 2.具备严谨规范、精益求精、吃苦耐劳的优良品质。 3.具备团队协作、人际沟通良好的社会交往能力。 4.具备从事本专业工作的安全防护、安全文明生产和环境保护等意识。 5.具备"航空报国、追求卓越"的职业素养	
学习准备	维修工作单		
	工具设备	燃油、滑油、润滑脂、液压油、酒精、橡胶手套和防护眼罩	
	人员分组	小组人员岗位由组长分配	
	工作岗位	时段一	时段二
	班组长		
	操作人员		
	辅助人员		
	安全监督		
	质量检验		
	"6S"管理		
重、难点	重点	针对危险化学品的防护措施	
	难点	危险化学品的特性	

📠 知识链接

航空器维修中经常会接触各种危险化学品，溶剂类如丁酮、油漆及稀释剂、退漆剂、环氧树脂溶剂、聚酯树脂溶剂、风挡玻璃清洗剂及航空器清洗剂等；油类如燃油、液压油、发动机滑油、汽油等；酸碱液类如电解液、铅酸电瓶的酸液、阿洛丁等；其他类如玻璃纤维、碳纤维、氟利昂、泰氟隆、水银等。

在工作中要正确识别和安全使用危险化学品，必要时须查询危险化学品安全技术说明书（MSDS）。MSDS 是材料生产厂家向使用人员提供的危险品信息，其内容包括材料的成分、对健康的影响、紧急救护措施、安全注意事项、劳动保护等。

一、危险化学品的识别

按照 GB 13690—2009《化学品分类和危险性公示 通则》的规定，常见的危险化学品按其主要危险特性分为理化危险、健康危险和环境危险三大类。

理化危险包括易燃易爆物质、氧化性物质和金属腐蚀剂等，健康危险包括毒性、致癌性，对皮肤、眼睛、呼吸系统等人体器官产生腐蚀、损伤、刺激或过敏等。图 1-6-1 是几种危险化学品的识别标识。

| 爆炸品 | 易燃气体 | 易燃液体 | 皮肤刺激 |

| 氧化剂 | 急性毒性 | 腐蚀品 | 环境危险 |

图 1-6-1　几种危险化学品的识别标识

二、易燃性材料的安全防护

易燃性材料包括易燃气体、液体和固体等，维修工作中比较常接触的是易燃液体。根据国标定义，易燃液体是指闭杯实验闪点不高于 60℃或开杯闪点不高于 65.6℃的液体或液体混合物，闪点是衡量易燃液体火灾危险性的一个重要参数，闪点越低，危险性越大。

在现场使用的易燃材料，只能存放在合格的、不渗漏的有盖容器内，除有专门规定外，不准使用易燃材料的混合液。使用易燃材料应远离明火、火花、电器开关及其他火源。使用易燃材料的房间或区域严禁吸烟，并使用防爆电气设备，维修人员不得穿着化学纤维的衣服和使用化纤材料的抹布，衣袋中不要装打火机。

使用易燃性材料的场所，应有良好的通风设施，维修人员应根据化学品安全技术说明书的规定做好个人防护措施。接触易燃材料如有不良反应，应立即脱去被污染的衣服，受影响的人员要转移到有新鲜空气的环境中或立即请医生治疗，被污染的地板和设备应用水冲洗干净。

三、常见油液的安全防护

航空器维修要使用各种油，如液压油、润滑剂、燃油以及各种油漆和密封胶等，其中一些油液对身体有害，使用中要特别注意安全防护。

（一）液压油

民用航空器上通常使用三种液压油，即植物基液压油（蓝油，如 MIL-H-7644），矿物基液压油（红油，如 MIL-H-5606，用于起落架缓冲支柱），磷酸酯基液压油（紫油，如 SKYDROL-LD-4，用于现代航空器液压系统）。

液压油有较强的腐蚀性，特别是磷酸酯基液压油（紫油）。维修液压系统时维修人员必须穿戴专用工作服及手套、护目镜、口罩等，操作间必须保持良好的通风。如果皮肤或眼睛接触了液压油立即使用淋浴器和冲眼器彻底冲洗，必要时请医生处置。图1-6-2 是淋浴器和冲眼器。

图 1-6-2　淋浴器和冲眼器

（二）润滑剂

航空器使用的润滑剂分为三类，即润滑油、润滑脂和固体（气体）润滑剂。润滑剂种类繁多，常见的有黄油（MIL-G-23827，通用油脂，用于各轴承的润滑），绿油（BMS3-33），粉红色油（DC-33，门滑梯等），黑油（11MS，用于小车架）。此外，还有各种系列的滑油、复合油脂和喷剂，如美孚 28、二硫化钼等。

加注滑油或更换滑油系统部件时，必须小心操作，不能让滑油长时间接触皮肤，加注滑油时要戴橡胶手套。航空器进行润滑时，经常配套使用各种清洗剂、防咬剂和防腐剂等，这些化学品多数有强的腐蚀性和毒性，如防腐剂 BMS3-27（Mastinox 6856K），使用时必须进行安全防护，避免直接接触。如果皮肤或眼睛接触了以上有强腐蚀性和毒性的清洗剂、防咬剂和防腐剂，应立即使用清水和冲眼器彻底冲洗，必要时请医生处置。

（三）燃油

常用的航空燃油有航空汽油和航空煤油两大类，活塞式发动机使用航空汽油，燃气涡轮发动机使用航空煤油。航空燃油具有挥发性、可燃性、腐蚀性。航空燃油有一定的含铅量，长时间接触对皮肤和脑部都有损伤。

维修人员应避免在燃油蒸气浓度高的环境中工作，在进行燃油箱的维修工作时必须穿防静电工作服，工作前应去除身上的静电，不应戴手表、戒指、打火机等。如果燃油蒸气进入眼睛应立即用大量清水冲洗，严重者应送医院救治。如果维修人员被燃油喷中、衣服被燃油浸湿，应撤离到安全地带，脱下衣服用水冲洗身体。如果维修人员身体被引燃，应立即用毯子、大衣或被子、衣服包裹全身或立即在地上打滚，将火苗扑灭。更换燃油系统部件时，必须小心操作，不能让燃油长时间接触皮肤，要戴橡胶手套。

四、特殊化学品的安全防护

维修人员在进行维修工作时会接触各种化学品，在机械施工中会接触到防咬剂、除锈剂、防腐剂；在结构修理中会接触到密封胶、阿洛丁；在复合材料修理中会接触到树脂、纤维、黏合剂；在航电维护中会接触到酒精、电接头清洁剂等；在喷漆、电镀、热处理等特种作业中会接触到油漆、电解液、电镀液等。接触以上各种化学品时应戴防护手套和防护眼镜，工作场所（工作间）必须有通风设施以避免上述物质的雾气聚集。

维修人员在工作过程中应避免直接接触水银，一旦接触水银，一定要彻底洗净手和衣服。在水银污染区工作，要充分通风，以避免吸入水银蒸气。所有在清除水银过程中用过的设备、工具，应用肥皂水、热水或蒸汽清洗。

🔍 任务提示

一、引导文

（1）了解危险化学品防护的准备事项。

（2）掌握危险化学品防护的操作流程。

（3）熟悉危险化学品防护的工作规范。

二、工作方法

（1）查阅手册后回答引导问题，可以使用的材料有手册、网络资源等。

（2）以小组讨论的形式完成工作计划。

（3）按照工作计划，完成维修工作单卡的填写和危险化学品防护的任务，对于计划中未考虑的问题，请先尽量自行解决，如果无法解决再与培训教师讨论。

（4）与教师讨论，进行工作总结。

三、工作内容

（1）分析、打印维修工作单卡，拟订测量计划。

（2）工具、耗材的选择。

（3）危险化学品防护。

（4）工具、设备、现场"6S"管理。

（5）危险化学品防护后的检查。

四、知识储备

（1）危险化学品防护用品的借用。

（2）危险化学品的分类。

（3）危险化学品的识别。

（4）危险化学品的防护。

（5）危险化学品的特征。

五、注意事项与工作提示

（1）在现场使用的易燃材料，只能存放在合格的、不渗漏的有盖容器内。

（2）实训时穿戴橡胶手套，戴好防护眼镜。

（3）使用易燃材料应远离明火、火花、电器开关及其他火源。

（4）使用易燃材料的房间或区域严禁吸烟。

（5）加注滑油与更换滑油系统部件时，必须小心操作不能让滑油长时间接触皮肤。

六、劳动安全

（1）更换燃油系统部件时，必须小心操作不能让燃油长时间接触皮肤，要戴橡胶手套。

（2）维修人员应避免在燃油蒸气浓度高的环境中工作。

（3）维修人员在工作过程中应避免直接接触水银。

（4）如果皮肤或眼睛接触了液压油应立即使用淋浴器和冲眼器彻底冲洗，必要时请医生处置。

七、环境保护

（1）参照飞机维护手册相应章节的内容。

（2）危险化学品应放在规定位置。

（3）使用易燃性材料的场所，应有良好的通风设施。

⚙ 工作过程

一、任务咨询

（一）学习任务

1.查阅相关资料，描述常见的危险化学品的分类。

_____

_____

_____

2.查阅相关资料，说明机务维护中可能使用哪些易燃性材料？

_____

_____

_____

（二）查询任务

1.民用航空器上通常有哪几种液压油？（   ）

A.植物基液压油   B.磷酸酯基液压油

C.矿物基液压油   D.碳酸酯基液压油

2. 如果皮肤或眼睛接触了液压油，应如何处理？

_____

_____

_____

3. 什么是易燃液体？

_____

_____

_____

4. 使用易燃材料应远离_____、火花、电器开关及其他火源。使用易燃材料的房间或区域严禁_____，并使用防爆电气设备，维修人员不得穿着_____的衣服，衣袋中不要装打火机。

二、任务计划

（一）查询工作

查询手册，制定本任务工序卡，在表 1-6-1 中表述你的工序。

表 1-6-1　识别危险化学品的工序卡

序号	区域	工作步骤	工具/设备	时间
签字		校对		审核
日期				

（二）记录工作

完成该项目设备、工具和量具记录表 1-6-2。

表 1-6-2 危险化学品防护需要的设备、工具清单

序号	名称	型号	数量	用途	备注
1					
2					
3					
4					
5					
6					
7					
8					
9					

（三）判断

在工作中要正确识别和安全使用危险化学品，必要时须查询警示标志。（   ）

理由：_____

_____

三、任务决策

（一）学习任务

学习该项目前，进行关键技术方面的检查、决策，按表 1-6-3 要点执行。

表 1-6-3 决策要素

序号	决策点	请决策	
1	工序是否完整、科学	是○	否○
2	是否能对危险化学品分类	是○	否○
3	是否能识别危险化学品的标识	是○	否○
4	是否识别液压油的种类	是○	否○
5	是否做好燃油箱工作的防护措施	是○	否○
6	是否做好被燃油喷中的防护措施	是○	否○
7	是否做好解除易燃材料的个人防护	是○	否○
8	劳动保护是否达到要求	是○	否○
9	是否征求了教师的意见	是○	否○

（二）对比任务

与教师制订的工作方案对比，进行决策分析。

四、任务实施

（一）学习任务

为了工作的精益化，填写学习过程记录表 1-6-4，方便日后总结。

表 1-6-4　危险化学品的防护过程记录

事项	属于精益调整	属于正常操作	用时 /min
材料准备		完成规范操作且符合要求	5
对易燃材料的个人防护			
对燃油的个人防护			
对液压油的个人防护			
对滑油的个人防护			
对特殊化学品的个人防护			

（二）实训任务

1. 请分别写出下列三种液压油的种类。

2. 正确识别危险化学品的标识，请熟悉它。

爆炸品　　　易燃气体　　　易燃液体　　　皮肤刺激

氧化剂　　　急性毒性　　　腐蚀品　　　环境危险

3.记录接触易燃材料如引起不良反应后的处理措施。

（三）巩固任务

记录易燃材料存放场所的要求。

五、任务检查

（一）检查工作

进行完工检查，检查结果记录在之前制定的质量检查记录表中，对不符合要求的质量缺陷，完成表1-6-5，并分析原因，制定措施。

表 1-6-5　质量分析记录表

危险化学品防护			时间	
序号	质量要求	实际状况	差错分析	整改措施
1	危险化学品的识别			
2	液压油的分类			
3	描述易燃液体的闪点			
4	解除滑油的个人防护			

（二）学习任务

检查自己的工作计划，完善表1-6-6，判断完成的情况。

表 1-6-6　计划完成情况检查表

检查项目	检查结果			完善点	其他
工时执行					
"6S" 执行					
质量成果					
学习投入					
获取知识					

表 1-6-6（续）

检查项目	检查结果		完善点	其他
技能水平				
安全、环保				
设备使用				
突发事件				

六、任务评价

（一）技能评价

"危险化学品的防护"由评价人设定危险化学品防护的操作流程，依据结果评定等级（1~10 级），完善表 1-6-7。

表 1-6-7　技能等级评定表

类型	评价因子	学生自查		教师评价		
		是	否	是	否	评分等级
综合能力测评 （组内互评）	按时到课					
	工装整齐					
	书、笔齐					
	主动探索					
	服从分配					
	自觉学习					
	团结互助					
	小组合作					
	A					
专业能力测评 （组间互评）	资料准备					
	风险分析					
	安全措施					
	个人防护					
	紧急救护					
	人员资质					
	警示标记					
	作业完成					
	B					

（二）工作页评价

完善工作页评价表 1-6-8。

表 1-6-8　工作页评价表

序号	内容	过程评价			权重	合计
		总分	被复查的任务数	百分制成绩		
1	咨询				0.2	
2	计划				0.2	
3	决策				0.05	
4	实施				0.4	
5	检查				0.15	
工作页成绩 = （工作页评分每项最高 100 分）						C

（三）项目总成绩

完成成绩汇总表 1-6-9。

表 1-6-9　项目总成绩计算表

序号	项目工作的内容	成绩转填	权重	中间成绩
1	技能评价	（A+B）/ 2	0.7	
2	工作页评价	C	0.3	

序号	评价	分数段 / 分	总分：	D
1	非常好	91~100		
2	好	81~90		
3	满意	71~80	评价：	
4	足够	60~70		
5	有缺陷	30~59		
6	未掌握	0~29		

总结与提高

一、汇总分析

（1）通过本次学习，我学到的知识点 / 技能点有：＿＿＿＿＿＿＿＿＿

＿＿＿＿＿＿＿＿＿＿＿＿＿＿＿＿＿＿＿＿＿＿＿＿＿＿＿＿＿＿

不理解的有：＿＿＿＿＿＿＿＿＿＿＿＿＿＿＿＿＿＿＿＿＿＿＿＿

＿＿＿＿＿＿＿＿＿＿＿＿＿＿＿＿＿＿＿＿＿＿＿＿＿＿＿＿＿＿

（2）我认为在以下方面还需要深入学习并提升岗位能力，并将自己的评价分数（百分制）标在下图中。

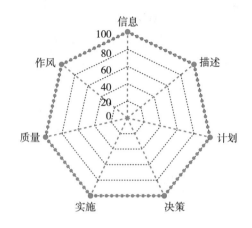

二、他山之石

小组成员评语：_____

_____

_____

教师评语：_____

_____

_____

思考与练习

一、填空题

1. 所有维修人员进入工作区域，必须佩戴与 _____ 或 _____ 相符的有效证件，证件不得 _____ 和 _____ 他人，发现丢失立即报告。

2. 维修人员在工作现场通行时应按照 _____ 行走，不得妨碍 _____ 和 _____ 通行。接送航空器或指挥航空器试车必须在 _____ 位置。

3. 在机翼、机身上工作时，要穿 _____ 或者垫上 _____ 。

4. 工作梯、其他车辆与航空器的距离不应小于 _____ cm。

5. 工具"三清点"是指 _____ 清点、_____ 清点、_____ 清点。

6. 如发现工具缺少，在不确定是否遗失在航空器上之前，不得 _____ 航空器。

7. 燃烧的三个要素是 _____ 、_____ 和 _____ 。

8. 灭火器的种类按所充装的灭火剂可分为 _____ 、_____ 、_____ 和惰性冷却气体等。

二、选择题

1. 劳动保护用品符合下列条件才能使用（　　　）。

A. 防护功能符合实际工作需要

B. 有效防护功能最低指标达到国家有关标准要求

C. 国内生产

D. 在有效使用期限内

2. 针对发动机噪声的防护，应根据维修手册中的规定采取相应的保护措施，通常应考虑的因素有（　　　）。

A. 发动机功率状态和工作数量　　　　　B. 佩戴护耳器

C. 人体与发动机之间的方位和距离　　　D. 持续工作时长

3. 我国规定（　　　）V 及以下电压为安全电压。超过（　　　）V，就有触电死亡的危险。

A. 28　　　　　　　B. 30　　　　　　　C. 36　　　　　　　D. 38

4. 停放在机库或正在检修的航空器，接通机上或地面电源要经（　　　）同意。

A. 公司领导　　　　　　　　　　　　　B. 车间经理

C. 班组长　　　　　　　　　　　　　　D. 现场维修负责人

5. 使用 220V/380V 交流电设备的安装和排除故障，必须由（　　　）进行。

A. 机务维修人员　　　　　　　　　　　B. 电子专业维修人员

C. 专业电工　　　　　　　　　　　　　D. 后勤保障人员

6. 维修人员离开航空器时，应将（　　　）电源关断。

A. 机上　　　　　　　　　　　　　　　B. 机上和地面

C. 地面　　　　　　　　　　　　　　　D. 电源车

7. 下列情况中不得接通电源的是（　　　）。

A. 燃油系统正在进行维修工作

B. 正在进行喷漆（退漆）或其他需要用易燃液体的工作

C. 正在进行铺设钢索和电缆工作

D. 航空器充氧勤务时

8. 高压气瓶运输，下列做法正确的有（　　　）。

A. 与瓶内气体相互接触能引起燃烧、爆炸的气瓶不应同车（厢）运输

B. 易燃、易爆、腐蚀性物品或与瓶内气体起化学反应的物品，不应与气瓶一起运输

C. 气瓶应妥善固定在车上

D. 夏季运输应有遮阳设备，避免曝晒

9. 气瓶使用下列做法属于必须要求的是（　　　）。

A. 进行气瓶称重

B. 打开气瓶阀门前，应确认所连导管牢固可靠

C. 气体出口不应对准人体

D. 使用瓶内的气体应采用减压措施

10. 充氧设备操作人员应（　　　）。

A. 经过充氧安全知识培训　　　　　　　B. 经过充氧设备使用的培训

C. 具备特种作业上岗资格　　　　　　　D. 掌握航空器氧气系统的操作常识

11. 按照 GB 13690—2009《化学品分类和危险性公示 通则》的规定，常见的危险化学品按其主要危险特性分为（　　）三大类。

A. 爆炸危险 　　　　　　　　　　　B. 理化危险

C. 健康危险 　　　　　　　　　　　D. 环境危险

12. 液压油的种类有（　　）。

A. 合成油 　　　　　　　　　　　　B. 植物基液压油

C. 矿物基液压油 　　　　　　　　　D. 磷酸酯基液压油

13. 维修液压系统时，必须穿戴专用（　　）等，操作间必须保持良好通风。

A. 工作服 　　　　　　　　　　　　B. 手套

C. 护目镜 　　　　　　　　　　　　D. 口罩

三、问答题

1. 当怀疑着火或货仓有烟雾警告而被迫使航空器着陆滑回后，该如何处置？

2. 机务维护中触电的紧急救护措施有哪些？

3. 如何做好常见油液的安全防护措施？

模块二 勤务工作

飞机勤务工作是机务人员每天都在做的工作，表面上看起来甚是简单，却恰恰是维修工作中最为重要的环节，也是维护工作的基础，勤务工作的质量将直接影响飞机飞行的安全。本模块以波音 737-300 型飞机为例，知识点包含航空器入港接机等勤务工作内容、步骤和工作规范等基本内容。机务人员只有掌握勤务工作理论基础，才能减少故障的发生率和降低飞机的运营成本，才能确保飞行安全。

项目一 驾驶舱及风挡清洁

风挡清洁

班级：_____ 姓名：_____ 学号：_____ 日期：_____ 测评等级：_____

有关说明：

本项目的实施方案依据《航空器维修基础知识和实作培训规范》编写，适用于指导学生完成学习任务；同时，可作为抽查学习成果和检查学习过程的参考资料。

工作描述

工作任务	驾驶舱及风挡清洁	教学模式	任务驱动和行动导向
建议学时	2 学时	教学地点	一体化教室
任务描述	航空器运行过程中，内部和外部相关区域会积存油液、灰尘、碎屑和昆虫尸体等污染物，因此需要清洁航空器。航空器清洁有助于： ·机体防腐； ·电子部件散热； ·保持航空器的气动平滑性； ·维修人员及时发现缺陷； ·为机组人员提供良好的驾驶环境。 		

（续）

任务描述		执行航空器驾驶舱清洁工作时，维修人员对于设备准备、清洁操作、安全风险措施等，都应严格遵守设备制造厂家的使用说明及航空器制造厂家维修手册的要求。开展航空器驾驶舱清洁工作之前，必须对航空器驾驶舱清洁的工作流程有基本认知，这样在实践工作中才能关注到每个细节，提高飞机维护质量。本项目的知识点包含航空器驾驶舱及风挡清洁的准备事项、操作步骤和收尾工作等，掌握本项目的内容可为顺利开展飞机勤务工作奠定理论基础
学习目标	知识目标	1. 描述驾驶舱清洁的意义。 2. 描述驾驶舱清洁的设备制造厂家的使用说明和手册要求。 3. 根据手册的要求掌握溶剂性质。 4. 描述清洁驾驶舱的区域。 5. 描述清洁驾驶舱风挡的步骤。 6. 描述擦拭风挡时的动作要领。 7. 熟悉清洁驾驶舱时的工具选择。 8. 描述驾驶舱风挡清洁时安全操作规程和个人防护。 9. 描述驾驶舱风挡清洁后的检查事项
	能力目标	1. 能说出驾驶舱清洁的意义。 2. 能遵守驾驶舱清洁的设备制造厂家的使用说明和手册要求。 3. 能运用工具清洁驾驶舱及风挡。 4. 能根据手册要求完成清洁驾驶舱前飞机的准备工作。 5. 能熟悉所使用溶剂的性能。 6. 能掌握清洁驾驶舱的动作要领。 7. 能做好驾驶舱风挡清洁时的个人防护。 8. 能做好工作现场的"6S"管理以及持续改善。 9. 能按计划实施操作
	素质目标	1. 具有爱岗敬业、诚实守信、遵章守纪的良好职业道德。 2. 具备严谨规范、精益求精、吃苦耐劳的优良品质。 3. 具备团队协作、人际沟通良好的社会交往能力。 4. 具备从事本专业工作的安全防护、安全文明生产和环境保护等意识。 5. 具备"航空报国、追求卓越"的职业素养
学习准备	维修工作单	
	工具设备	麂皮布、警告标识、专用清洁剂、吸尘器、干净不起毛的抹布、口罩
	人员分组	小组人员岗位由组长分配
	工作岗位	时段一 　　　　　　　　　　 时段二
	班组长	
	操作人员	
	辅助人员	
	安全监督	
	质量检验	
	"6S"管理	
重、难点	重点	驾驶舱及风挡清洁的方法步骤
	难点	驾驶舱及风挡清洁的工作标准

知识链接

【驾驶舱及风挡清洁】

通过驾驶舱及风挡清洁工作，可以给机组提供良好的目视条件。执行航空器驾驶舱及风挡清洁工作时，维修人员对于设备准备、清洁操作、安全风险措施等，都应严格遵守设备制造厂家的使用说明及航空器制造厂家维修手册的要求。

一、接受维修任务

（1）领取或打印维修工作单卡。

（2）领用工具设备、器材：麂皮布、不起毛的抹布、警告标识和专用清洁剂。

二、操作流程

（一）将风挡加温电门放到 OFF 位，如图 2-1-1 所示

警告：清洁时必须关断风挡加温系统的电源，这将防止人员遭受电击。

（二）拔出表 2-1-1 中跳开关，并挂警告标识

图 2-1-1　风挡加温电门

表 2-1-1　相关跳开关

机长后侧电气系统跳开关面板，P18-3					
行	列	电气设备号	名称		
B	1	C00055	ANTI-ICE & RAIN WSHLD WIPER RIGHT		
B	3	C00054	ANTI-ICE & RAIN WSHLD WIPER LEFT		
副驾驶后侧电气系统跳开关面板，P6-11					
行	列	电气设备号	名称		
B	8	C00393	WINDOW HEAT	POWER	RIGHT SIDE
B	9	C00228	WINDOW HEAT	POWER	LEFT FRONT
副驾驶后侧电气系统跳开关面板，P6-12					
行	列	电气设备号	名称		
B	8	C00394	WINDOW HEAT	POWER	RIGHT FRONT
B	9	C00392	WINDOW HEAT	POWER	LEFT SIDE

（三）清洁驾驶舱及风挡内表面

1. 对于带有厌水涂层的风挡，执行以下步骤

使用干净不起毛的抹布，蘸取 1∶1 的酒精和水的混合液，拧干后擦拭风挡玻璃内表面。擦拭干净后，使用拧干的麂皮布擦干。

警告：不要使用研磨性清洁剂，或含有氟化物的清洁剂。这些清洁剂会去除厌

水层。

2. 对于不带有厌水涂层的风挡，执行以下步骤

使用干净不起毛的抹布将肥皂水涂抹至风挡玻璃内表面，并进行擦拭。擦拭干净后，使用拧干的麂皮布擦干。

警告：不要使用干抹布直接擦拭风挡，可能会划伤风挡。

（四）清洁驾驶舱及风挡外表面

1. 对于带有厌水涂层的风挡，执行以下步骤

使用干净不起毛的抹布将 1∶1 的酒精和水的混合液涂抹至风挡玻璃外表面，并使用干净的湿的麂皮布或者抹布擦干风挡。

警告：不要使用研磨性清洁剂，或含有氟化物的清洁剂。这些清洁剂会去除厌水层。

2. 对于不带有厌水涂层的风挡，执行以下步骤

使用麂皮布或不起毛的抹布将肥皂水涂抹至风挡玻璃外表面，擦拭干净后，使用清水彻底冲洗，并使用干净的湿的麂皮布或者抹布擦干风挡。

警告：不要使用干抹布直接擦拭风挡，可能会划伤风挡。

（五）填写工卡

三、收尾

（1）清点工具。

（2）恢复工作现场。

（3）确保维修工作单卡、飞行记录本等维修记录已完成签署。

（4）归还工具设备。

（5）将维修工作单卡等维修记录反馈给相关部门。

四、航空器驾驶舱及风挡清洁的工作规范

（1）确保风挡加温电门在关断位。

（2）清洁风挡玻璃时应避免损伤风挡表面。

（3）擦拭前可适当浸润污物，而后轻柔擦拭。

（4）按要求完成风挡外表面的清洁工作。例如，使用干净不起毛的抹布将符合比例的清洁剂涂抹至风挡玻璃表面，并使用麂皮布蘸肥皂水进行擦拭。擦拭干净后，使用清水彻底冲洗，并使用拧干的麂皮布擦干。

（5）按要求完成风挡内表面的清洁工作。例如，使用干净不起毛的抹布将肥皂水涂抹至风挡玻璃内表面，并进行擦拭。擦拭干净后，使用拧干的麂皮布擦干。

【驾驶舱清洁】

执行驾驶舱清洁工作，可以减少因电子设备通风系统故障导致的航班延误，给机组

提供良好的驾驶舱飞行环境。执行航空器清洁工作时，维修人员对于设备准备、清洁操作、安全风险措施等，都应严格遵守设备制造厂家的使用说明及航空器制造厂家维修手册的要求。

（一）准备工作

（1）接受维修任务。
领取或打印维修工作单卡。
（2）领用工具设备、器材。
毛刷、麂皮布、吸尘器、干净不起毛的抹布、口罩和专业清洁剂。

（二）操作流程

1. 驾驶舱清洁区域
驾驶舱清洁区域，如图 2-1-2 所示，包括以下几个区域。

图 2-1-2　驾驶舱清洁区域

（1）地板区域：包括驾驶舱门向前的过道地板及盖板，观察员座椅下方区域的地板，驾驶员座椅周围及下方区域的地板及盖板，脚蹬区域的地板及盖板。
（2）壁板区域：包括驾驶舱门向前的过道两侧区域的装饰板及储存柜，驾驶员侧面的所有装饰板，驾驶员后部的跳开关面板，头顶板两侧的天花板，所有风挡的框架区域的装饰板，遮光板上部的装饰板以及中央操作台两侧的装饰板。
（3）空调出风口。
（4）头顶控制面板区域。
（5）中央控制台、前仪表板区域。
（6）驾驶杆和驾驶员座椅：包括驾驶杆主体杆部位及手柄和各操作电门，驾驶员座椅的姿态调节手柄，安全带，头枕等。
（7）其他区域：氧气面罩及氧气管、手持灭火瓶、手持灯及灯线、PBE 安装盒等各零散部件及其安装架。
以波音 737-300 型飞机为例，实际维修工作应严格遵守维修手册及设备制造厂家使用说明的要求。

2. 操作方法

（1）使用毛刷和吸尘器清洁控制面板与中央操纵台上的灰尘、毛絮等垃圾。

（2）使用麂皮布清洁前仪表板区域的显示屏。

（3）使用蘸有清洁剂的抹布擦拭驾驶员常操作的部件，包括手柄、电门、旋钮等。

（4）使用蘸有清洁剂的抹布清洁装饰板。

（5）使用吸尘器清洁驾驶舱地板。

（6）填写工卡。

（三）收尾工作

（1）清点工具。

（2）恢复工作现场。

（3）确保维修工作单卡、飞行记录本等维修记录已完成签署。

（4）归还工具设备。

（5）将维修工作单卡等维修记录反馈给相关部门。

（四）清洁驾驶舱的注意事项

（1）应使用柔软、干净不起毛的抹布轻柔地擦拭显示器表面。

（2）应严格遵守工具"三清点"的要求，防止工具设备遗留在驾驶舱。

（3）清洁时应先使用吸尘器吸除明显灰尘颗粒和污染物，禁止吸尘器与仪表表面直接接触。

（4）如果发现控制面板区域有液体污染痕迹，则执行以下工作：

　a. 对于有可能进水的部件或区域，应进行详细检查。例如，对于电插头，应脱开检查。

　b. 对相关系统进行测试，确保工作正常。

（5）在清洁剂中浸湿抹布，拧干后擦拭驾驶舱相关区域。禁止将清洁剂直接倒在待清洁表面上，禁止在仪表通电工作状态下或发烫情况下清洁。

（6）应使用干抹布将清洁后的表面擦干。

（7）清洁控制面板时应防止误触碰驾驶舱内各操作手柄、电门等。

🔍 任务提示

一、引导文

（1）了解驾驶舱及风挡清洁的准备事项。

（2）掌握驾驶舱及风挡清洁的操作流程。

（3）熟悉驾驶舱及风挡清洁的工作规范。

二、工作方法

（1）查阅手册后回答引导问题，可以使用的材料有手册、网络资源等；

（2）以小组讨论的形式完成工作计划；

（3）按照工作计划，完成维修工作单卡的填写和驾驶舱风挡清洁的任务，对于计划中未考虑的问题，请先尽量自行解决，如果无法解决再与培训教师进行讨论；

（4）与教师讨论，进行工作总结。

三、工作内容

（1）分析打印维修工作单卡，拟订测量计划；

（2）工具、耗材的选择；

（3）驾驶舱及风挡的清洁；

（4）工具、设备、现场"6S"管理；

（5）驾驶舱及风挡清洁后的检查。

四、知识储备

（1）驾驶舱风挡清洁工具的借用；

（2）驾驶舱应清洁的区域；

（3）驾驶舱及风挡的清洁方法；

（4）清洁不同风挡类型时溶剂的选择；

（5）完工质量检验的标准。

五、注意事项与工作提示

（1）应严格遵守工具"三清点"的要求，防止工具设备遗留在驾驶舱；

（2）对于有可能进水的部件或区域，应进行详细检查；

（3）禁止将清洁剂直接倒在待清洁表面上；

（4）不要使用干抹布直接擦拭风挡，可能会划伤风挡；

（5）清洁厌水涂层时不要使用研磨性清洁剂，或含有氟化物的清洁剂。

六、劳动安全

（1）清洁时必须关闭风挡加温系统的电源，防止人员遭受电击；

（2）清洁控制面板时应防止误触碰驾驶舱内各操作手柄、电门；

（3）不应踩踏驾驶舱座椅、扶手、靠背及各种操作台面。

七、环境保护

（1）参照飞机维护手册相应章节的内容；

（2）不应将驾驶舱的随机设备作为清洁用品使用；

（3）清洁后的垃圾及废弃物应及时处理，不应随意倾倒、丢弃。

⚙ 工作过程

一、任务咨询

（一）学习任务

1. 查阅相关资料，说明驾驶舱需清洁哪些区域？

_____

_____

2. 查阅相关资料，描述清洁驾驶舱的人员资格有哪些要求？

_____

_____

（二）查询任务

1. 应严格遵守工具"三清点"的要求，防止工具设备遗留在驾驶舱。工具"三清点"是指（　　）。

A. 工作前清点　　　　　　　　　B. 工作专业场地或部位时清点

C. 工作中清点　　　　　　　　　D. 工作后清点

2. 查阅手册，清洁驾驶舱时，如果发现控制面板区域有液体污染痕迹，如何处理？

_____

_____

3. 清洁驾驶舱时，对清洁剂的要求是什么？

_____

_____

4. 执行航空器清洁工作时，维修人员对于_____、_____、_____、安全措施等，都应严格遵守设备制造厂家的使用说明及航空器制造厂家维修手册的要求。

二、任务计划

（一）查询工作

查询手册，制定本任务工序卡，在表 2-1-2 中表述你的工序。

表 2-1-2　驾驶舱风挡清洁的工序卡

序号	区域	工作步骤	工具 / 设备	时间
签字		校对	审核	
日期				

（二）记录工作

完成该项目需要的设备、工具记录表 2-1-3。

表 2-1-3　驾驶舱及风挡清洁需要的设备、工具清单

序号	名称	型号	数量	用途	备注
1					
2					
3					
4					
5					
6					
7					
8					
9					

（三）判断

查阅资料，判断是否可以使用带水的清洁剂清洁驾驶舱仪表。（　　　）

原因：_____

_____

三、任务决策

（一）学习任务

实训前，进行关键技术方面的检查、决策，按表2-1-4要点执行。

表2-1-4　决策要素

序号	决策点	请决策	
1	工序是否完整、科学	是〇	否〇
2	清洁使用的溶剂是否合规	是〇	否〇
3	所使用的刷子和抹布是否柔软、清洁	是〇	否〇
4	风挡加温电门是否放到OFF位	是〇	否〇
5	擦拭风挡时用力是否轻柔	是〇	否〇
6	是否遵守工具"三清点"的要求	是〇	否〇
7	完工检查是否规范	是〇	否〇
8	劳动保护是否达到要求	是〇	否〇
9	是否征求了教师的意见	是〇	否〇

（二）对比任务

与教师制订的工作方案对比，进行决策分析。

_____

_____

_____

四、任务实施

（一）学习任务

为了工作的精益化，填写学习过程记录表2-1-5，方便日后总结。

表2-1-5　驾驶舱及风挡清洁过程记录

事项	属于精益调整	属于正常操作	用时/min
工具准备		完成规范操作且符合要求	5
关闭风挡加温电门			
拔出相应跳开关			
挂上警告标志			
吸除明显灰尘颗粒和污染物			
擦拭显示器表面			
检查驾驶舱相关电门的状态			
清理垃圾和废弃物			

（二）实训任务

1. 对于带有厌水涂层的风挡，使用干净不起毛的抹布，把（　　）涂抹至风挡玻璃内表面。

A. 酒精和水 1∶1 的混合液

B. 酒精和水 1∶2 的混合液

C. 酒精和水 2∶1 的混合液

D. 纯酒精

2. 记录使用抹布擦拭风挡的规范。

3. 描述清洁驾驶舱地板的要点和规范。

（三）巩固任务

查阅手册，描述出风挡玻璃清洁后的状态及常见的现象。

五、任务检查

（一）检查工作

进行完工检查，检查结果记录在之前制定的质量检查记录表中，对不符合要求的质量缺陷，完成表 2-1-6，并分析原因。

表 2-1-6 质量分析记录表

驾驶舱及风挡清洁			时间	
序号	质量要求	实际状况	差错分析	整改措施
1	风挡加温电门断开			
2	溶剂符合要求			
3	相关跳开关拔开			
4	清洁后风挡的状态			
5	清洁后垃圾的处理			

（二）学习任务

检查自己的工作计划，完善表 2-1-7，判断完成的情况。

表 2-1-7 计划完成情况检查表

检查项目	检查结果		完善点	其他
工时执行				
"6S"执行				
质量成果				
学习投入				
获取知识				
技能水平				
安全、环保				
设备使用				
突发事件				

六、任务评价

（一）技能评价

"驾驶舱及风挡清洁"由评价人设定驾驶舱及风挡清洁的操作流程，依据结果评定等级（1~10 级），完善表 2-1-8。

表 2-1-8 技能等级评定表

类型	评价因子	学生自查		教师评价		
		是	否	是	否	评分等级
综合能力测评 （组内互评）	按时到课					
	工装整齐					
	书、笔齐					
	主动探索					

表 2-1-8（续）

类型	评价因子	学生自查		教师评价		
		是	否	是	否	评分等级
综合能力测评（组内互评）	服从分配					
	自觉学习					
	团结互助					
	小组合作					
	A					
专业能力测评（组间互评）	资料准备					
	工具借用					
	操作规范					
	步骤齐全					
	完工检验					
	安全警示					
	任务时限					
	作业完成					
	B					

（二）工作页评价

完善工作页评价表 2-1-9。

表 2-1-9　工作页评价表

序号	内容	过程评价			权重	合计
		总分	被复查的任务数	百分制成绩		
1	咨询				0.2	
2	计划				0.2	
3	决策				0.05	
4	实施				0.4	
5	检查				0.15	
工作页成绩 =（工作页评分每项最高 100 分）						C

（三）项目总成绩

完成成绩汇总表 2-1-10。

表 2-1-10　项目总成绩计算表

序号	项目工作的内容	成绩转填		权重	中间成绩
1	技能评价	（A+B）/ 2		0.7	
2	工作页评价	C		0.3	

序号	评价	分数段 / 分	总分：	D
1	非常好	91~100		
2	好	81~90		
3	满意	71~80	评价：	
4	足够	60~70		
5	有缺陷	30~59		
6	未掌握	0~29		

总结与提高

一、汇总分析

（1）通过本次学习，我学到的知识点 / 技能点有：_____

_____

_____

不理解的有：_____

_____

_____

（2）我认为在以下方面还需要深入学习并提升岗位能力，并将自己的评价分数（百分制）标在下图中。

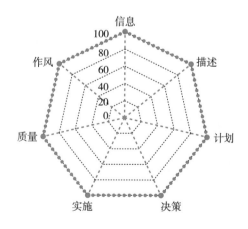

二、他山之石

小组成员评语:_____

_____

_____

教师评语:_____

_____

_____

轮胎气压测量

项目二　飞机轮胎气压测量

班级：_____　　姓名：_____　　学号：_____　　日期：_____　　测评等级：_____

有关说明：

本项目的实施方案依据《航空器维修基础知识和实作培训规范》编写，适用于指导学生完成学习任务；同时，可作为抽查学习成果和检查学习过程的参考资料。

📝 工作描述

工作任务	飞机轮胎气压测量	教学模式	任务驱动和行动导向
建议学时	2 学时	教学地点	一体化教室
任务描述	依据飞机维护手册的要求，进行飞机轮胎气压的测量、充气或轮胎气压不符合情况的处置等操作，并填写轮胎气压监控本，保证轮胎气压符合放行要求。 轮胎气压直接影响轮胎的使用性能。气压不足会导致胎肩过度磨损、轮胎错线，减震性能和抗冲击性能降低。气压过高会导致胎面过度磨损，影响使用寿命。各机型的轮胎胎压标准可以在相应手册中找到。开展轮胎气压测量工作之前，必须对轮胎气压测量的工作流程有基本认知，这样在实践工作中才能关注到每个细节，提高飞机维护质量。本项目的知识点包含轮胎气压测量的准备事项、操作步骤和收尾工作等，掌握本项目的内容可为顺利开展飞机勤务工作奠定理论基础		
学习目标	知识目标	1.描述飞机轮胎的作用与组成，及其对减震的影响。 2.描述标准的飞机轮胎压力范围。 3.知道轮胎充气的方法。 4.描述轮胎胎面磨损、胎肩磨损与充气压力的相互关系。 5.根据飞机重量[①]与轮胎气压关系进行轮胎气压的计算与调整。 6.根据飞机维护手册查阅充气压力和相应处置方案。 7.熟悉轮胎气压表的使用方法。 8.描述测量轮胎气压时安全操作规程和个人防护。 9.描述轮胎气压测量和充气后的检查事项。 10.描述起落架顶升的操作步骤	
	能力目标	1.能正确按手册要求对轮胎压力进行测量。 2.能根据不同实测轮胎气压选择不同的处置方案。 3.能熟练使用轮胎气压表进行测量。	

---

① 本书中的重量为质量（mass）概念，法定单位为千克（kg）。

（续）

学习目标	能力目标	4.能根据飞机重量与轮胎气压关系进行轮胎气压的计算。 5.能熟练顶起飞机起落架。 6.能正确分析轮胎胎面磨损、胎肩磨损的原因。 7.能做好轮胎测量时的个人防护。 8.能做好工作现场的"6S"管理以及持续改善。 9.能按计划实施操作	
	素质目标	1.具有爱岗敬业、诚实守信、遵章守纪的良好职业道德。 2.具备严谨规范、精益求精、吃苦耐劳的优良品质。 3.具备团队协作、人际沟通良好的社会交往能力。 4.具备从事本专业工作的安全防护、安全文明生产和环境保护等意识。 5.具备"航空报国、追求卓越"的职业素养	
学习准备	维修工作单	AMM 12-15-780/801	
	工具设备	手套、抹布、工具盘、手电、气压表、轮胎充气工具、氮气瓶、放气扳手、渗漏测试剂	
	人员分组	小组人员岗位由组长分配	
	工作岗位	时段一	时段二
	班组长		
	操作人员		
	辅助人员		
	安全监督		
	质量检验		
	"6S"管理		
重、难点	重点	气压测量的方法	
	难点	不同实测气压值的处理方案	

知识链接

一、接受维修任务

（1）领取轮胎气压监控本或打印维修工作单卡：AMM 12-15-780/801，如图 2-2-1 所示。

（2）领用工具设备、器材。

手套、抹布、工具盘、手电（按需）、气压表、轮胎充气工具、氮气瓶、放气扳手、渗漏测试剂，如图 2-2-2 所示。

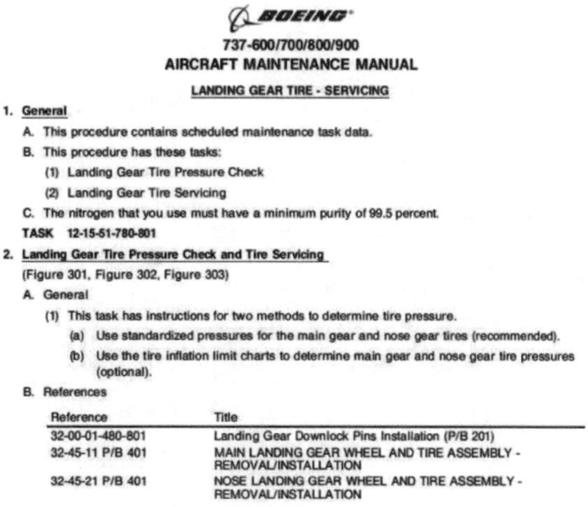

BOEING
737-600/700/800/900
AIRCRAFT MAINTENANCE MANUAL
LANDING GEAR TIRE - SERVICING

1. **General**
   A. This procedure contains scheduled maintenance task data.
   B. This procedure has these tasks:
      (1) Landing Gear Tire Pressure Check
      (2) Landing Gear Tire Servicing
   C. The nitrogen that you use must have a minimum purity of 99.5 percent.
   TASK 12-15-51-780-801

2. **Landing Gear Tire Pressure Check and Tire Servicing**
   (Figure 301, Figure 302, Figure 303)
   A. General
      (1) This task has instructions for two methods to determine tire pressure.
         (a) Use standardized pressures for the main gear and nose gear tires (recommended).
         (b) Use the tire inflation limit charts to determine main gear and nose gear tire pressures (optional).
   B. References

Reference	Title
32-00-01-480-801	Landing Gear Downlock Pins Installation (P/B 201)
32-45-11 P/B 401	MAIN LANDING GEAR WHEEL AND TIRE ASSEMBLY - REMOVAL/INSTALLATION
32-45-21 P/B 401	NOSE LANDING GEAR WHEEL AND TIRE ASSEMBLY - REMOVAL/INSTALLATION

图 2-2-1 维修手册示意图

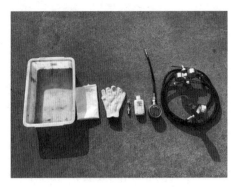

图 2-2-2　轮胎气压测量和充气工具

二、操作流程

本示例介绍轮胎气压是针对冷胎（飞机落地超过 2h）的测量，如果测量时不满足飞机落地超过 2h 的条件，请依据机型维修手册要求完成热轮胎气压测量。

（1）确保已安装起落架安全销。

警告：未安装起落架安装销，起落架可能会意外收起，造成人员伤亡和设备损坏。

（2）拧下防尘帽，放入工具盘，如图 2-2-3 所示。

警告：确保已挡好轮挡。未挡好轮挡，飞机可能会意外滑动，造成人员伤亡和设备损坏。

提示：使用手册要求的工具拆下防尘帽，否则可能造成防尘帽掉落到轮毂中。

（3）轮胎气压标准，前轮和主轮轮胎气压标准为（205±5）lbf/in^2（psi[①]），如表 2-2-1 所示。

图 2-2-3　拧下防尘帽

表 2-2-1　轮胎气压标准

前轮 / 主轮轮胎气压标准：（205±5）lbf/in^2（psi）	维护工作
高于 210lbf/in^2（psi）	放气到正确压力
200~210lbf/in^2（psi）	无须工作
195~199lbf/in^2（psi）	充气到正确压力
185~194lbf/in^2（psi）	充气到正确压力并在 24h 内再次检查，如果再次发现低压，更换轮胎
165~184lbf/in^2（psi）	更换机轮组件
低于 165lbf/in^2（psi）	更换机轮组件。如果发生轮胎低压后飞机滑行过，则更换该起落架另一个机轮组件

① 1psi ≈ 6.895kPa。

（4）正对气门芯测量气压，防止工具损伤气门芯（见图 2-2-4），确认气压值在标准范围内。

图 2-2-4　充气工具损伤气门芯

（5）如果测得气压值高于 210lbf/in^2（psi），使用专用工具放气（见图 2-2-5 和图 2-2-6）至标准范围，记录填写参见表 2-2-2。

图 2-2-5　轮胎放气扳手　　　　　　　图 2-2-6　轮胎放气

（6）如果测得气压值在 200~210lbf/in^2（psi），无须充 / 放气，记录填写参见表 2-2-2。

（7）如果测得气压值在 195~199lbf/in^2（psi），充气（见图 2-2-7）至标准范围，记录填写参见表 2-2-2。

图 2-2-7　轮胎充气

警告：使用经调节的气源进行轮胎充气。未经调节的气源可能导致人员受伤和设备损坏。

（8）如果测得气压值在 185~194lbf/in^2（psi），充气至标准范围并建立监控，记录填写参见表 2-2-2。

（9）如果测得气压值在 165~184lbf/in^2（psi），更换轮胎组件并重新测量气压，记录填写参见表 2-2-2。

（10）如果测得气压值低于 165lbf/in^2（psi），更换机轮组件。如果发生轮胎低压后飞机滑行过，则更换该起落架另一个机轮组件。

表 2-2-2　轮胎气压监控本

日期	充气	气压值 /（lbf/in^2），psi						计量工具号	工作者
		前轮		左主轮		右主轮			
		左	右	内	外	内	外		
2022-08-30	充气前	210	198	190	210	208	208	9204	张某
	充气后	—	210	208	—	—	—	9204	
	是否需要监控			√					
	更换后充气气压值					208		9204	李某

（11）使用渗漏测试剂检查（见图 2-2-8），确保无渗漏。

图 2-2-8　渗漏测试

（12）安装防尘帽。安装之前，应再次检查气门芯状态是否正常，有没有偏斜。如果发现气门芯偏离了密封位置，应使用标准气门芯安装工具使其复位，检查是否漏气。如果调整后轮胎依然有漏气现象，则需更换轮胎。

警告：不要刻意通过拧紧气门芯的方式阻止漏气现象。这种操作会导致气门芯进一步损坏，甚至气门芯断裂造成高压氮气喷出导致人员受伤和设备损坏。

三、收尾

（1）清点工具。

（2）恢复工作现场。

（3）恢复飞机状态：

a. 检查无渗漏。

b. 安装防尘帽。

（4）确保维修工作单卡、飞行记录本等维修记录已完成签署。

（5）归还工具设备。

（6）器材回仓。

（7）将维修工作单卡等维修记录反馈给相关部门。

四、轮胎气压测量的工作规范

（1）轮胎气压测量时应规范使用气压表。例如：气压表在有效期内；气压表测量口应对正气门芯。

（2）气源必须符合该型航空器的规定。

（3）轮胎气压不符合标准时，依据维修手册执行相关工作。

（4）轮胎放气时，应使用专用放气工具。

（5）轮胎充气时，应少充多量，防止过充。

（6）轮胎气压测量和充气工作结束后，均应使用渗漏测试剂检查，确保无渗漏。

🔍 任务提示

一、引导文

（1）了解飞机轮胎气压测量的准备事项。

（2）掌握飞机轮胎气压测量的操作流程。

（3）熟悉飞机轮胎气压测量的工作规范。

二、工作方法

（1）查阅手册后回答引导问题，可以使用的材料有手册、网络资源等。

（2）以小组讨论的形式完成工作计划。

（3）按照工作计划，完成维修工作单卡的填写和轮胎气压测量的任务，对于计划中未考虑的问题，请先尽量自行解决，如果无法解决再与培训教师进行讨论。

（4）与教师讨论，进行工作总结。

三、工作内容

（1）分析打印维修工作单卡，拟订测量计划。

（2）工具、耗材的选择。

（3）轮胎气压测量。

（4）工具、设备、现场"6S"管理。

（5）轮胎气压测量后的检查。

四、知识储备

（1）轮胎气压测量工具的借用。

（2）轮胎磨损部位的质量分析。

（3）轮胎气压表有效性的检查。

（4）轮胎气压的测量。

（5）完工质量检验的标准。

五、注意事项与工作提示

（1）本示例介绍轮胎气压是针对冷胎（飞机落地超过 2h）的测量，如果测量时不满足飞机落地超过 2h 的条件，请依据机型维修手册要求完成热轮胎气压测量。

（2）实训时穿戴好鞋服。

（3）拧下防尘帽后，需放在托盘收好，防止遗失。

（4）不要刻意通过拧紧气门芯的方式阻止漏气现象。这种操作会导致气门芯进一步损坏，甚至气门芯断裂造成高压氮气喷出导致人员受伤和设备损坏。

（5）如果发现气门芯偏离了密封位置，应使用标准气门芯安装工具使其复位，检查是否漏气。

（6）轮胎气压测量后，应使用渗漏测试剂检查密封性。

六、劳动安全

（1）未安装起落架安装销，起落架可能会意外收起，造成人员伤亡和设备损坏。

（2）工量具轻拿轻放，正确测量和使用工量具。

（3）使用专用放气工具，防止高压气体喷出伤人危险。

七、环境保护

（1）参照飞机维护手册相应章节的内容。

（2）飞机应停放在规定位置。

（3）高压气瓶应按规定放置。

⚙ 工作过程

一、任务咨询

（一）学习任务

1. 查阅相关资料，描述飞机停放位置的规定。

_____

_____

_____

2. 查阅相关资料，说明轮胎气压表的使用规范。

_____

_____

_____

（二）查询任务

1. 冷胎是指飞机落地多久后？（　　　）

A. 0.5h　　　　　　　　B. 1h　　　　　　　　C. 2h　　　　　　　　D. 4h

2. 未安装起落架安全销，可能会出现什么后果？

_____

_____

3. 请补充表 2-2-3。

表 2-2-3　轮胎气压检查标准

前轮 / 主轮轮胎气压标准： （205±5）lbf/in^2（psi）	维护工作
高于 210lbf/in^2（psi）	
	无须工作
195~199lbf/in^2（psi）	充气到正确压力
185~194lbf/in^2（psi）	
	更换机轮组件
低于 165lbf/in^2（psi）	

4. 为了防止工具损伤气门芯，测量气压的动作要领是什么？

_____

_____

5. 不刻意通过拧紧气门芯的方式阻止漏气现象。这种操作会导致 _____ ，甚至气门芯断裂造成 _____ 。

二、任务计划

（一）查询工作

查询手册，制定本任务工序卡，在表 2-2-4 中表述你的工序。

表 2-2-4　测量气压的工序卡

序号	区域	工作步骤	工具 / 设备	时间
签字		校对		审核
日期				

（二）记录工作

完成该项目设备、工具和量具记录表 2-2-5。

表 2-2-5　测量轮胎气压需要的设备、工具清单

序号	名称	型号	数量	用途	备注
1					
2					
3					
4					
5					
6					
7					
8					
9					

（三）判断

测量轮胎气压时，维修人员是否能够站在气门芯正前方？（　　　）

原因：_____

_____

_____

三、任务决策

（一）学习任务

实训前，进行关键技术方面的检查、决策，按表 2-2-6 要点执行。

表 2-2-6　决策要素

序号	决策点	请决策	
1	工序是否完整、科学	是○	否○
2	起落架安全销是否插好	是○	否○
3	工具是否满足	是○	否○
4	飞机轮挡是否放置好	是○	否○
5	轮胎气压值是否符合规定	是○	否○
6	气压测量过程资料是否准备	是○	否○
7	完工检查是否规范	是○	否○
8	劳动保护是否达到要求	是○	否○
9	是否征求了教师的意见	是○	否○

（二）对比任务

与教师制订的工作方案对比，进行决策分析。

四、任务实施

（一）学习任务

为了工作的精益化，填写学习过程记录表 2-2-7，方便日后总结。

表 2-2-7　轮胎气压测量过程记录

事项	属于精益调整	属于正常操作	用时 /min
工具准备		完成规范操作且符合要求	5
安装起落架安全销			
确认机轮处于冷胎			
使用专业工具拆下防尘帽			
气压表正对充气嘴			
测量气密性			
安装防尘帽			
测量前气压表归零			

（二）实训任务

1. 完成轮胎气压测量工作后，如何检查气门芯的密封性？（　　　　）

A. 目视检查　　　　　　　　　B. 听漏气的声音

C. 用手去触摸感觉　　　　　　D. 用渗漏测试剂检查

2. 使用轮胎气压表测量轮胎气压，工具有手套、气管、渗漏测试剂等，请熟悉它们。

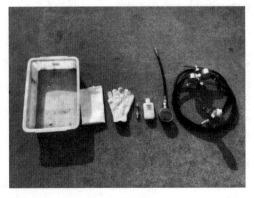

3. 在表 2-2-8 记录你最终测量的轮胎气压数值。

表 2-2-8 轮胎气压测量记录表

日期	充气	气压值						计量工具号	工作者
		前轮		左主轮		右主轮			
		左	右	左	右	左	右		
	充气前								
	充气后								
	是否需要监控								
	更换后充气气压值								

（三）巩固任务

如果实测左主起落架的左侧轮胎气压为 160psi，请给出处理方案。

_____

_____

_____

五、任务检查

（一）检查工作

进行完工检查，检查结果记录在之前制定的质量检查记录表中，对不符合要求的质量缺陷，完成表 2-2-9，并分析原因，制定措施。

表 2-2-9 质量分析记录表

轮胎气压测量			时间	
序号	质量要求	实际状况	差错分析	整改措施
1	挡好轮挡			
2	安装起落架安全销			
3	确认机轮处于冷胎			
4	气压表对正充气嘴			
5	气压值符合规定			
6	气密性良好			
7	安装好防尘帽			

（二）学习任务

检查自己的工作计划，完善表 2-2-10，判断完成的情况。

表 2-2-10　计划完成情况检查表

检查项目	检查结果			完善点	其他
工时执行					
"6S" 执行					
质量成果					
学习投入					
获取知识					
技能水平					
安全、环保					
设备使用					
突发事件					

六、任务评价

（一）技能评价

"轮胎气压测量"由评价人设定轮胎气压测量的操作流程，依据结果评定等级（1~10 级），完善表 2-2-11。

表 2-2-11　技能等级评定表

类型	评价因子	学生自查		教师评价		
		是	否	是	否	评分等级
综合能力测评（组内互评）	按时到课					
	工装整齐					
	书、笔齐					
	主动探索					
	服从分配					
	自觉学习					
	团结互助					
	小组合作					
	A					
专业能力测评（组间互评）	资料准备					
	工具借用					
	操作规范					
	步骤齐全					
	完工检验					
	安全警示					
	任务时限					
	作业完成					
	B					

（二）工作页评价

完善工作页评价表 2-2-12。

表 2-2-12　工作页评价表

序号	内容	过程评价			权重	合计
		总分	被复查的任务数	百分制成绩		
1	咨询				0.2	
2	计划				0.2	
3	决策				0.05	
4	实施				0.4	
5	检查				0.15	
工作页成绩 = （工作页评分每项最高 100 分）						C

（三）项目总成绩

完成成绩汇总表 2-2-13。

表 2-2-13　项目总成绩计算表

序号	项目工作的内容	成绩转填	权重	中间成绩
1	技能评价	（A+B）/ 2	0.7	
2	工作页评价	C	0.3	

序号	评价	分数段 / 分	总分：	D
1	非常好	91~100		
2	好	81~90		
3	满意	71~80	评价：	
4	足够	60~70		
5	有缺陷	30~59		
6	未掌握	0~29		

总结与提高

一、汇总分析

（1）通过本次学习，我学到的知识点 / 技能点有：＿＿＿＿＿＿＿＿＿＿＿＿

＿＿

＿＿

不理解的有：＿＿＿＿＿＿＿＿＿＿＿＿＿＿＿＿＿＿＿＿＿＿＿＿＿＿＿＿＿＿＿

＿＿

（2）我认为在以下方面还需要深入学习并提升岗位能力，并将自己的评价分数（百分制）标在下图中。

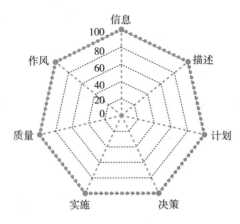

二、他山之石

小组成员评语：_____

_____

_____

教师评语：_____

_____

_____

航空器入港
接机

项目三　航空器入港接机

班级：_____　姓名：_____　学号：_____　日期：_____　测评等级：_____

有关说明：

　　本项目的实施方案依据《航空器维修基础知识和实作培训规范》编写，适用于指导学生完成学习任务；同时，可作为抽查学习成果和检查学习过程的参考资料。

📝 工作描述

工作任务	航空器入港接机	教学模式	任务驱动和行动导向
建议学时	2 学时	教学地点	一体化教室
任务描述			

<table>
<tr><td rowspan="1">任务描述</td><td colspan="3">　　依据飞机维护手册的要求，进行航空器入港接机、手势指挥等操作，并掌握轮挡的使用、警示锥的使用要求和时机，保证航空器及时安全入港。

　　航空器入位是指航空器到指定的停机位置，机组人员按照维修人员的手势或自动泊位引导系统指挥，操纵航空器从机位滑行线滑行至机位停止线。开展入港接机工作之前，必须对入港接机的工作流程有基本认知，这样在实践工作中才能关注到每个细节，提高飞机维护质量。本项目的知识点包含入港接机的准备事项、操作步骤和收尾工作等，掌握本项目的内容可为顺利开展飞机勤务工作奠定理论基础</td></tr>
<tr><td rowspan="2">学习目标</td><td rowspan="1">知识目标</td><td colspan="2">1.描述航空器入港接机的时间要求。
2.描述停机位和滑行区的准备工作。
3.熟悉航空器入位接机指挥信号的含义。
4.描述自动泊位引导系统的工作流程。
5.根据指挥员的信号放置轮挡。
6.根据指挥员的信号放置安全锥。
7.熟悉指挥棒白天和夜晚的使用方法。
8.描述入港接机时安全操作规程和个人防护。
9.描述指挥员、翼尖监护员等工作人员的职责</td></tr>
<tr><td>能力目标</td><td colspan="2">1.能正确按手册要求提前15min进场接机。
2.接机前能做好停机位和滑行区的准备工作。
3.能理解航空器入位接机指挥信号的含义。
4.能根据自动泊位引导系统的引导进行接机工作。
5.能根据指挥员的信号把握放置轮挡的时机、位置。</td></tr>
</table>

（续）

学习目标	能力目标	6. 能根据指挥员的信号把握放置警示锥的时机、位置和顺序。 7. 能做好航空器入港接机时的个人防护。 8. 能做好工作现场的"6S"管理以及持续改善。 9. 能按计划实施操作	
	素质目标	1. 具有爱岗敬业、诚实守信、遵章守纪的良好职业道德。 2. 具备严谨规范、精益求精、吃苦耐劳的优良品质。 3. 具备团队协作、人际沟通良好的社会交往能力。 4. 具备从事本专业工作的安全防护、安全文明生产和环境保护等意识。 5. 具备"航空报国、追求卓越"的职业素养	
学习准备	维修工作单	AMM 12-15-51/301	
	工具设备	指挥棒、手套、手电（按需）轮挡、警示锥	
	人员分组	小组人员岗位由组长分配	
	工作岗位	时段一	时段二
	班组长		
	操作人员		
	辅助人员		
	安全监督		
	质量检验		
	"6S"管理		
重、难点	重点	入港接机的工作流程	重点？ 难点？
	难点	入港接机手势信号的含义	

知识链接

【入港接机】

一、接受维修任务

（1）领用工具设备、器材。

指挥棒、手套、手电（按需）。

（2）在航空器到达前至少 15min 到达停机位。

（3）确保停机位和滑行区域应：

a. 清洁、无杂物。

b. 人员、车辆及设备处于机位安全线外。

c. 廊桥在回位点（如有）。

d. 地面标志清晰可见。

e. 灭火瓶到位。

f. 夜间运行时，照明设备正常。

g. 清除地面上的冰、雪。

（4）使用手势引导时，确保指挥员站在机位滑行线正前方并在机组视线内。机翼监护员（若需要）站在翼尖1m以外的位置。

（5）指挥员应密切关注监护员的手势。

（6）在指挥员给出允许接近手势之前，其他人员都必须远离航空器。

二、航空器入位指挥操作

警告：如果发现相邻机位有航空器移动，应立即停止指挥。

使用手势引导，工作流程如下。

（1）航空器沿机位滑行线滑行时，指挥员给出"确定机位""直线滑行"手势信号，如图2-3-1和图2-3-2所示。

图2-3-1 确定机位　　　　　　　　图2-3-2 直线滑行

（2）航空器前轮应沿着滑行线滑行，根据需要使用"向左转"或"向右转"手势信号纠正航空器的行驶轨迹，如图2-3-3和图2-3-4所示。

图2-3-3 向左转　　　　　　　　图2-3-4 向右转

（3）如果发现紧急、危险情况，立即给出"停止"手势，如图2-3-5所示。

图2-3-5 停止

（4）当航空器驶近停止线时，使用"减速"手势，如图2-3-6所示。

（5）当前轮到达停止线时，给出"停止""关闭发动机"手势，如图2-3-7所示。

图 2-3-6　减速

图 2-3-7　关闭发动机

（6）航空器完全停止后，放置轮挡。

（7）给出"放置轮挡"和"松刹车"手势，如图2-3-8和图2-3-9所示。

图 2-3-8　放置轮挡

图 2-3-9　松刹车

（8）放置警示锥。

（9）向地面相关人员给出"就绪"手势，允许作业，如图2-3-10所示。

图 2-3-10　就绪

三、配备自动泊位引导系统的停机位，工作流程如下

（1）指挥员应核实已选定入位航空器的机型信息。

（2）指挥员负责操作紧急停止按钮，紧急情况应及时操作系统发出停止信号，所处的站位应能够清晰地观察到正在入位的航空器和监护人员。

（3）航空器完全停止后立即放置前轮轮挡，发动机关闭并明显减速后可放置航空器的主轮轮挡。

（4）指挥员向机组人员给出"轮挡已放置好"和"松刹车"手势。

（5）放置警示锥。

（6）向地面相关人员给出"就绪"手势，允许作业指令。

四、收尾

（1）清点工具。

（2）归还工具设备。

【警示锥的使用】

航空器停放期间，应放置警示锥，如图 2-3-11 所示。警示锥可提醒人员、设备与航空器保持安全距离。开展放警示锥工作之前，必须对警示锥使用的工作流程有基本认知，这样在实践工作中才能关注到每个细节，提高飞机维护质量。本项目的知识点包含警示锥使用的准备事项、操作步骤和收尾工作等，掌握本项目的内容为顺利开展飞机勤务工作奠定理论基础。

图 2-3-11　警示锥

（一）准备事项

（1）接受维修任务。

领取或打印维修工作单卡。

（2）领用工具、设备、器材。

手套、抹布、手电（按需）和警示锥。

（3）彻底清除警示锥放置区的霜、冰、雪和油污。

（4）确保警示锥完整可用，数量齐全。确保警示锥无破损，反光带良好。

（二）操作流程

1. 放置警示锥

（1）所有轮挡挡好后，立即摆放警示锥。

（2）在机头、机尾、发动机前部外侧、两侧大翼翼尖放置警示锥，机头、机尾、翼尖的警示锥应在飞机投影外侧，发动机的警示锥应在发动机的外侧前方，如图 2-3-12 所示。如营运人或机场有特殊要求，需按要求执行。

图 2-3-12　警示锥摆放

（3）风速大于当地机场风速要求时不需要摆放警示锥，已经摆放的警示锥需要撤走，风速小于要求风速值后重新摆放。

2. 撤离警示锥

飞机防撞灯亮后确认各勤务车已撤离航空器，指挥员给出信号后撤离警示锥。

（三）收尾

（1）清点工具。

（2）恢复工作现场。

（3）确保维修工作单卡、飞行记录本等维修记录已完成签署。

（4）归还工具设备。

（5）将维修工作单卡等维修记录反馈给相关部门。

（四）警示锥使用规范

（1）确保警示锥完好可用。

（2）应在发动机关车或指挥人员发出信号后，按要求摆放警示锥。

（3）遵守警示锥使用的风速限制。

（4）撤离警示锥前，确保地面设备已撤离航空器。

（5）警示锥摆放时机：所有轮挡挡好后，立即进行警示锥摆放。当收到机场发出的"机坪风力将超过限制风速或大风预警"信息或机场机坪风力超过风速限制要求时，应及时收起警示锥，防止被风吹移，风速小于限制值后重新摆放；如果机场有特殊要求，需按机场的特殊要求执行。

（6）警示锥摆放顺序：先放置机头处警示锥，再放置大翼两侧和机尾处警示锥，最后放置发动机外侧前方处警示锥；所有警示锥摆放到位后，指挥员通知工作人员或勤务车可以靠近航空器进行工作，并在航空器周围执行监护工作。

（7）警示锥摆放位置：摆放位置为机头前，机尾后，发动机外侧前方，两边大翼外侧或前后投影外侧位置，如图 2-3-13 所示。

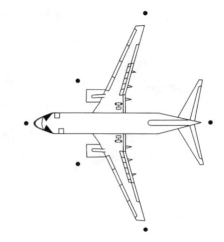

● 警示锥
■ 轮挡

图 2-3-13 波音 737-300 型飞机警示锥的摆放位置

🔍 任务提示

一、引导文

（1）了解航空器入港接机的准备事项。

（2）掌握航空器入港接机的操作流程。

（3）熟悉航空器入港接机的工作规范。

二、工作方法

（1）查阅手册后回答引导问题，可以使用的材料有手册、网络资源等。

（2）以小组讨论的形式完成工作计划。

（3）按照工作计划，完成维修工作单卡的填写和航空器入港接机的任务，对于计划中未考虑的问题，请先尽量自行解决，如果无法解决再与培训教师进行讨论。

（4）与教师讨论，进行工作总结。

三、工作内容

（1）分析打印维修工作单卡，拟订测量计划。

（2）工具、耗材的选择。

（3）航空器入港接机的流程。

（4）工具、设备、现场"6S"管理。

（5）轮挡、警示锥的正确使用。

四、知识储备

（1）航空器入港接机工具的借用。

（2）停机位和滑行区的准备工作。

（3）入港接机手势信号的含义。

（4）自动泊位系统的工作程序。

（5）轮挡、警示锥的使用规范。

五、注意事项与工作提示

（1）在航空器到达前至少 15min 到达停机位。

（2）确保轮挡放置区无冰、雪、霜和油污等污染物。

（3）应在发动机关车或指挥人员发出信号后，挡轮挡、按要求摆放警示锥。

（4）从机轮的侧面放置轮挡，且靠近轮胎。

（5）确保警示锥完好可用。

六、劳动安全

（1）使用手势引导时，确保指挥员站在机位滑行线正前方并在机组视线内。

（2）发动机运转时，若须挡、撤轮挡，应在指挥人员发出信号后，按照维修手册规定的安全通道进出。

（3）在指挥员给出允许接近手势之前，其他人员都必须远离航空器。

（4）如果发现紧急、危险情况，立即给出"停止"手势。

七、环境保护

（1）参照飞机维护手册相应章节的内容。

（2）飞机应停放在规定位置。

（3）轮挡、警示锥等应按规定放置。

⚙ 工作过程

一、任务咨询

（一）学习任务

1.查阅相关资料，描述飞机入港前，停机位和滑行区应做好哪些准备工作？

_____

_____

_____

2.查阅相关资料，描述航空器入港手势指挥信号的含义。

（二）查询任务

1.飞机入港前，接机人员至少提前多久到达停机位？（　　　）

A. 5min B. 15min C. 30min D. 1h

2.轮挡的使用规范有哪些？

3.针对下图，请描述警示锥的摆放顺序。

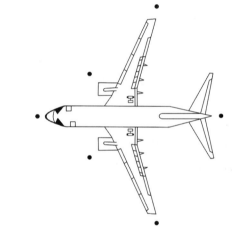

●警示锥
■轮挡

4.请描述自动泊位系统引导飞机入位的程序。

5.轮挡应靠近轮胎放置，间距不应超过（　　　）mm。如果停留在带有坡度的机坪上时，下坡度方向的轮挡应（　　　）放置。

二、任务计划

（一）查询工作

查询手册，制定本任务工序卡，在表2-3-1中表述你的工序。

表 2-3-1　航空器入港接机的工序卡

序号	区域	工作步骤	工具 / 设备	时间
签字		校对		审核
日期				

（二）记录工作

完成该项目需要的设备、工具记录表 2-3-2。

表 2-3-2　航空器入港接机需要的设备、工具清单

序号	名称	型号	数量	用途	备注
1					
2					
3					
4					
5					
6					
7					
8					
9					

（三）判断

警示锥破损或反光条丢失时，是否能用障碍物的形式警示，防止他人靠近。（　　　）

理由：_____

_____

三、任务决策

（一）学习任务

实训前，进行关键技术方面的检查、决策，按表 2-3-3 要点执行。

表 2-3-3　决策要素

序号	决策点	请决策	
1	工序是否完整、科学	是○	否○
2	起落架安全销是否插好	是○	否○
3	工具是否满足	是○	否○
4	接机人员是否按时到位	是○	否○
5	指挥手势是否规范	是○	否○
6	接机人员资质是否符合要求	是○	否○
7	轮挡、警示锥的使用是否规范	是○	否○
8	劳动保护是否达到要求	是○	否○
9	是否征求了教师的意见	是○	否○

（二）对比任务

与教师制订的工作方案对比，进行决策分析。

四、任务实施

（一）学习任务

为了工作的精益化，填写学习过程记录表 2-3-4，方便日后总结。

表 2-3-4　航空器入港接机过程记录

事项	属于精益调整	属于正常操作	用时 /min
工具准备		完成规范操作且符合要求	5
提前到达停机位			
停机位和滑行区的准备			
手势信号入位接机			
自动泊位系统接机			
轮挡的使用			
警示锥的使用			

（二）实训任务

1. 使用手势引导时，确保指挥员站在机位滑行线正前方并在机组视线内，机翼监护员站在（　　）的位置。

A. 翼尖 1m 以外

B. 机翼正前方

C. 与指挥员站在一起

D. 远离翼尖

2. 使用警示锥前，需要对警示锥进行目视检查，请写出轮挡的检查标准。

_____

_____

_____

3. 指挥飞机时，如果发现旁边航空器在移动，应如何操作？

_____

_____

_____

（三）巩固任务

查询相关资料，填空：

机场警示锥高度不小于 _____ cm，重量能防止 _____ 风吹移。

五、任务检查

（一）检查工作

进行完工检查，检查结果记录在之前制定的质量检查记录表中，对不符合要求的质量缺陷，完成表 2-3-5，并分析原因，制定措施。

表 2-3-5　质量分析记录表

航空器入港接机			时间	
序号	质量要求	实际状况	差错分析	整改措施
1	按时到达停机位			
2	停机位、滑行区准备			
3	手势指挥			
4	自动泊位系统指挥			

（二）学习任务

检查自己的工作计划，完善表 2-3-6，判断完成的情况。

表 2-3-6　计划完成情况检查表

检查项目	检查结果		完善点	其他
工时执行				
"6S"执行				
质量成果				
学习投入				
获取知识				
技能水平				
安全、环保				
设备使用				
突发事件				

六、任务评价

（一）技能评价

"航空器入港接机"由评价人设定航空器入港接机的操作流程，依据结果评定等级（1~10 级），完善表 2-3-7。

表 2-3-7　技能等级评定表

类型	评价因子	学生自查		教师评价		
		是	否	是	否	评分等级
综合能力测评（组内互评）	按时到课					
	工装整齐					
	书、笔齐					
	主动探索					
	服从分配					
	自觉学习					
	团结互助					
	小组合作					
	A					
专业能力测评（组间互评）	资料准备					
	工具借用					
	操作规范					
	步骤齐全					
	完工检验					
	安全警示					
	任务时限					
	作业完成					
	B					

（二）工作页评价

完善工作页评价表 2-3-8。

表 2-3-8　工作页评价表

序号	内容	过程评价			权重	合计
		总分	被复查的任务数	百分制成绩		
1	咨询				0.2	
2	计划				0.2	
3	决策				0.05	
4	实施				0.4	
5	检查				0.15	
工作页成绩 =（工作页评分每项最高 100 分）						C

（三）项目总成绩

完成成绩汇总表 2-3-9。

表 2-3-9　项目总成绩计算表

序号	项目工作的内容	成绩转填	权重	中间成绩
1	技能评价	（A+B）/ 2	0.7	
2	工作页评价	C	0.3	

序号	评价	分数段 / 分		
1	非常好	91~100	总分：	D
2	好	81~90		
3	满意	71~80		
4	足够	60~70	评价：	
5	有缺陷	30~59		
6	未掌握	0~29		

总结与提高

一、汇总分析

（1）通过本次学习，我学到的知识点 / 技能点有：_____

_____

不理解的有：_____

_____

（2）我认为在以下方面还需要深入学习并提升岗位能力，并将自己的评价分数（百分制）标在下图中。

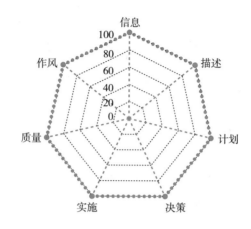

二、他山之石

小组成员评语：_____

_____

_____

教师评语：_____

_____

_____

项目四　航空器牵引

飞机牵引

班级：_____　　姓名：_____　　学号：_____　　日期：_____　　测评等级：_____

有关说明：

　　本项目的实施方案依据《航空器维修基础知识和实作培训规范》编写，适用于指导学生完成学习任务；同时，可作为抽查学习成果和检查学习过程的参考资料。

工作描述

工作任务	航空器牵引	教学模式	任务驱动和行动导向
建议学时	2学时	教学地点	一体化教室
任务描述	依据飞机维护手册的要求，进行航空器牵引、手势指挥等操作，并掌握牵引航空器前的准备工作和牵引车的工作规范，保证航空器牵引过程的安全。 出港送机或因塔台调度、维修工作等，航空器必须离开当前机位时，需要维修人员对航空器进行牵引。开展航空器牵引工作之前，必须对航空器牵引的工作流程有基本认知，这样在实践工作中才能关注到每个细节，提高飞机维护质量。本项目的知识点包含航空器牵引的准备事项、操作步骤和收尾工作等，掌握本项目的内容可为顺利开展飞机勤务工作奠定理论基础		
学习目标	知识目标	1.描述航空器牵引的时机。 2.描述航空器牵引所需的工具、设备。 3.熟悉航空器牵引指挥信号的含义。 4.描述移动航空器前的检查工作。 5.根据指挥员的信号牵引航空器。 6.根据当地机场或营运人的规定确定牵引速度和路线。 7.熟悉牵引工作完成后的检查。 8.描述牵引飞机时安全操作规程和个人防护。 9.描述指挥员、机上人员和监护员的职责		
	能力目标	1.能正确按手册要求掌握牵引时机。 2.接机前能做好移动航空器前的准备工作。 3.能理解航空器牵引指挥信号的含义。 4.能根据当地机场或营运人的规定遵循牵引速度和路线。 5.能根据手册要求完成牵引车与飞机的连接。 6.能根据手册要求完成牵引飞机后的检查工作。		

（续）

学习目标	能力目标	7.能做好牵引飞机时的个人防护。 8.能做好工作现场的"6S"管理以及持续改善。 9.能按计划实施操作
	素质目标	1.具有爱岗敬业、诚实守信、遵章守纪的良好职业道德。 2.具备严谨规范、精益求精、吃苦耐劳的优良品质。 3.具备团队协作、人际沟通良好的社会交往能力。 4.具备从事本专业工作的安全防护、安全文明生产和环境保护等意识。 5.具备"航空报国、追求卓越"的职业素养
学习准备	维修工作单	
	工具设备	转弯旁通销、起落架安全销、耳机、对讲机、牵引车、牵引杆（按需）、指挥棒（按需）、手套、抹布、手电（按需）
	人员分组	小组人员岗位由组长分配
	工作岗位	时段一　　　　　　　　时段二
	班组长	
	操作人员	
	辅助人员	
	安全监督	
	质量检验	
	"6S"管理	
重、难点	重点	牵引航空器的工作流程
	难点	移动航空器前的检查工作

🖨 知识链接

【航空器牵引】

一、接受维修任务

（1）打印或领用牵引飞机工作单卡。

（2）领用工具设备、器材：转弯旁通销、起落架安全销、耳机、对讲机、牵引车、牵引杆（按需）、指挥棒（按需）、手套、抹布、手电（按需）。

二、移动航空器前

（1）安装起落架安全销、转弯旁通销。

（2）给航空器供电。

（3）确保舱门及盖板已关闭（外部电源和耳机盖板除外）。

（4）确保航空器刹车压力、机轮充气和缓冲支柱压缩量正常。

（5）确保航空器两侧燃油箱的油量平衡。

（6）确保停机位周围区域无 FOD，地面设备已撤离。

（7）确保耳机、对讲机工作正常；机上人员、地面指挥员和牵引车司机三者目视可见。

（8）检查适用该机型的牵引杆的部件正常（特别是剪切销状态良好，见图 2-4-1），在牵引航空器前先将牵引杆连接到航空器上，再连接牵引车。

图 2-4-1　前起落架转弯旁通销和连接牵引杆

（9）若使用抱轮式牵引车牵引飞机（见图 2-4-2），牵引车司机根据地面指挥人员的指令，关闭牵引车托架门，并将飞机前轮抱紧升起，等待推出指令。

图 2-4-2　抱轮式牵引车

（10）联系塔台，确认可以牵引。

三、开始牵引作业

（1）撤离轮挡，松开刹车。

（2）打开航空器的航行灯和防撞灯。

（3）推出航空器。

（4）航空器移动期间，地面指挥人员应保持与航空器一定的安全距离，并且随时监控周围环境，牵引速度和线路应遵循当地机场或者营运人的规定。

（5）如果航空器要进入滑行道，应在滑行道口前 50m 处停止、观察。

（6）确保航空器平稳停止，前轮在中立位。

四、牵引完成后检查

（1）设置停留刹车。

（2）告知塔台牵引已完成。

（3）关闭航空器的航行灯和防撞灯。

（4）放置轮挡。

（5）撤离牵引车。

（6）移除旁通销。

（7）松开刹车。

五、收尾

（1）清点工具。

（2）恢复工作现场。

（3）恢复飞机状态。

（4）确保维修工作单卡、飞行记录本等维修记录已完成签署。

（5）归还工具设备。

（6）将维修工作单卡等维修记录反馈给相关部门。

六、航空器牵引的工作规范

（一）航空器牵引工作人员

1. 航空器机上人员：应掌握航空器牵引过程紧急情况的处置方法，负责联系塔台和地面指挥员。

2. 地面指挥人员：应掌握牵引航空器的技术要求。例如：维修手册中转弯角度、牵引速度、翼展、高度、转弯销等；应熟知机场内的各种标志（指示灯、各种标志线等），负责与航空器机上人员、牵引车驾驶员、监护员联系。

3. 监护员：监护航空器周围环境，与地面指挥人员保持联系。

（二）维修手势（维修人员对机上人员）

警告：

1. 在无法进行口头交流的情况下使用手势信号。

2. 确保在任何情况下都能收到机上人员的反馈信息。

1. 连接牵引杆：
将双臂置于头部上方，用一只手抓住另一只手的前臂。

2. 确认 / 就绪：

　　抬起右臂，与头部等高，指挥棒向上指或竖起大拇指，左臂保持在身体一侧靠膝盖位置。

3. 否定：

　　右臂伸出与肩膀呈 90°，指挥棒或大拇指朝下，左手保持在身体一侧靠膝盖位置。

4. 耳机：

　　伸出双臂与身体呈 90°，移动双手捂住双耳。

（三）航空器牵引手势（维修人员至牵引车驾驶员）

1. 松开车辆刹车：

　　将手举起比肩略高，握拳，确保与拖车驾驶员保持目视接触，然后张开手掌。

2. 准备推出：

　　伸出手臂与肩膀呈 90°，并竖起大拇指。该手势向牵引车驾驶员示意所有设备均已撤离航空器，轮挡已移除，航空器刹车已松开，机上人员已给出"可以推出"的信息。

3. 否定 / 等待：

伸出手臂与肩膀呈 90°，大拇指朝下。该手势向拖车驾驶员示意航空器尚未准备好推出，请在原地等待。

4. 设置车辆刹车 / 停车：

将手举起比肩略高，张开手掌，确保与牵引车驾驶员保持目视接触，然后握拳。推出结束时，该手势向牵引车驾驶员示意航空器刹车已设置。牵引车驾驶员应以同样的手势回应维修人员，以确认车辆刹车已设置。

5. 减速：

向下伸出手，与身体一侧呈 45°，并上下小幅运动。

6. 给出或变更牵引方向：

用手指触碰鼻子，手臂与肩膀呈 90°，手指指向航空器需要转向的方向。

（四）推出手势信号（机翼监护员至戴耳机人员 / 牵引车驾驶员）

1. 准备好移动航空器：

将一只手臂完全向上伸展开，指挥棒笔直举过头，另一只手臂和指挥棒向下伸展与身体一侧呈 45°。

2. 停止航空器移动：

将双臂和指挥棒完全伸展至头顶交叉。

3. 停止并等待航空器移动：

向下完全伸展双臂和指挥棒，与身体两侧呈 45°。保持姿势，直至航空器移动工作准备就绪。

【起落架安全销的使用】

航空器在地面停放、牵引以及执行维修任务时，需要安装起落架安全销。起落架安全销如图 2-4-3 和图 2-4-4 所示，在地面时可防止航空器起落架意外收起、在空中时可保持起落架放下、锁定。开展起落架安全销使用工作之前，必须对起落架安全销使用的工作流程有基本认知，这样在实践工作中才能关注到每个细节，提高飞机维护质量。本项目的知识点包含起落架安全销使用的准备事项、操作步骤和收尾工作等，掌握本项目的内容为顺利开展飞机勤务工作奠定理论基础。

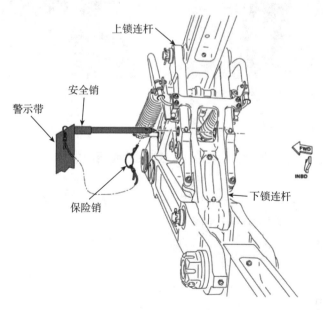

图 2-4-3　波音 737-300 型飞机起落架安全销

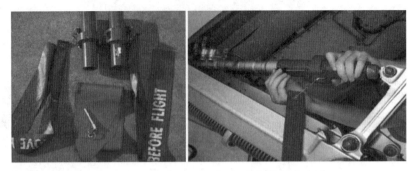

图 2-4-4　空客 A320 型飞机主起落架安全销

（一）准备事项

1. 接受维修任务。

领取或打印维修工作单卡。

2. 领用工具、设备、器材：手套、抹布、手电（按需）。

3. 取出起落架安全销，确保警告飘带完好在位、连接牢靠，警告标志清晰，安全销衬套是否在位、牢靠，锁销功能正常。

（二）安装起落架安全销

1. 安装前起落架安全销（见图 2-4-5），并确保安装牢靠，飘带清晰可见。

2. 安装主起落架安全销（见图 2-4-6），并确保安装牢靠，飘带清晰可见。

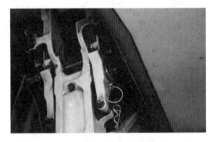 

图 2-4-5　前起落架安全销的使用　　　　图 2-4-6　主起落架安全销的使用

（三）取下起落架安全销

1. 起落架安全销取下的时机：航前工作结束后或相应的维修工作结束以及手册要求的重要测试前或测试后。

2. 取下起落架安全销，确认起落架安全销插孔状态良好，安全销机构完整，数量齐全，重点检查安全销衬套是否完好在位。

（四）收尾

1. 清点工具。

2. 恢复工作现场。

3. 确保维修工作单卡、飞行记录本等维修记录已完成签署。

4. 归还工具设备。

5. 将维修工作单卡等维修记录反馈给相关部门。

（五）起落架安全销使用的注意事项

1. 确保起落架安全销完好可用。

2. 安全销插好后，确保红色警告飘带展开。

3. 安全销取下后，确保安全销及插孔完好。

4. 安全销取下后，确保数量齐全，并放在指定位置。

5. 航后及停场时间较长的飞机或做某些测试时手册要求插安全销。

🔍 任务提示

一、引导文

（1）了解航空器牵引的准备事项。

（2）掌握航空器牵引的操作流程。

（3）熟悉航空器牵引的工作规范。

二、工作方法

（1）查阅手册后回答引导问题，可以使用的材料有手册、网络资源等。

（2）以小组讨论的形式完成工作计划。

（3）按照工作计划，完成维修工作单卡的填写和航空器牵引的任务，对于计划中未考虑的问题，请先尽量自行解决，如果无法解决再与培训教师进行讨论。

（4）与教师讨论，进行工作总结。

三、工作内容

（1）分析打印维修工作单卡，拟订测量计划。

（2）工具、耗材的选择。

（3）航空器牵引的流程。

（4）工具、设备、现场"6S"管理。

（5）转弯旁通销、起落架安全销的正确使用。

四、知识储备

（1）航空器牵引工具的借用。

（2）移动航空器前的准备工作。

（3）牵引手势信号的含义。

（4）航空器牵引工作人员的职责。

（5）转弯旁通销、起落架安全销的使用规范。

五、注意事项与工作提示

（1）安装所有的起落架安全销，并确保安装牢靠，飘带清晰可见。

（2）检查适用于该机型的牵引杆的部件正常，特别是剪切销状态良好。

（3）确保耳机、对讲机工作正常。

（4）确保航空器刹车压力、机轮充气和缓冲支柱压缩量正常。

（5）确保航空器两侧燃油箱的油量平衡。

（6）确保停机位周围区域无 FOD（外来物），地面设备已撤离。

六、劳动安全

（1）机上人员、地面指挥员和牵引车司机三者目视可见。

（2）监护员监护航空器周围环境，与地面指挥人员保持联系。

（3）牵引速度和线路应遵循当地机场或者营运人的规定。

（4）如果航空器要进入滑行道，应在滑行道口前 50m 处停止、观察。

七、环境保护

（1）参照飞机维护手册相应章节的内容。

（2）航空器移动期间，地面指挥人员应保持与航空器一定的安全距离，并且随时监控周围环境。

（3）熟知机场内的各种标志。

⚙ 工作过程

一、任务咨询

（一）学习任务

1. 查阅相关资料，描述移动航空器前应做好哪些准备工作？

_____

_____

2. 查阅相关资料，描述航空器牵引手势指挥信号的含义。

（二）查询任务

1.在牵引飞机过程中，确保（　　　）目视可见？

A. 机上人员和地面指挥员

B. 地面指挥员和牵引车司机

C. 机上人员和牵引车司机

D. 机上人员、地面指挥员和牵引车司机

2.起落架安全销的取下时机有哪些？

3.请描述抱轮式牵引车的牵引工作流程。

4.请描述航空器牵引工作人员的职责？

5.航空器移动期间，地面指挥人员应保持与航空器一定的安全距离，并且随时_____，_____和_____应遵循当地机场或者营运人的规定。

二、任务计划

（一）查询工作

查询手册，制定本任务工序卡，在表2-4-1中表述你的工序。

表 2-4-1　牵引飞机的工序卡

序号	区域	工作步骤	工具 / 设备	时间
签字		校对	审核	
日期				

（二）记录工作

完成该项目需要的设备、工具记录表 2-4-2。

表 2-4-2　航空器牵引需要的设备、工具清单

序号	名称	型号	数量	用途	备注
1					
2					
3					
4					
5					
6					
7					
8					
9					

（三）判断

若牵引飞机时，发生牵引杆剪切销断裂，是否应立即停止牵引。（　　　）

理由：_____

_____

三、任务决策

（一）学习任务

实训前，进行关键技术方面的检查、决策，按表 2-4-3 要点执行。

表 2-4-3　决策要素

序号	决策点	请决策	
1	工序是否完整、科学	是○	否○
2	转弯旁通销、起落架安全销是否安装	是○	否○
3	工具是否满足	是○	否○
4	牵引工作人员是否履行职责	是○	否○
5	指挥手势是否规范	是○	否○
6	牵引人员资质是否具备	是○	否○
7	停机位周围区域无 FOD，地面设备已撤离	是○	否○
8	劳动保护是否达到要求	是○	否○
9	是否征求了教师的意见	是○	否○

（二）对比任务

与教师制订的工作方案对比，进行决策分析。

四、任务实施

（一）学习任务

为了工作的精益化，填写学习过程记录表 2-4-4，方便日后总结。

表 2-4-4　航空器牵引过程记录

事项	属于精益调整	属于正常操作	用时 /min
工具准备		完成规范操作且符合要求	5
移动前飞机状态的准备工作			
飞机与牵引车的连接工作			
牵引前与塔台的沟通			
牵引过程的手势指挥			
转弯旁通销、起落架安全销的安装			
牵引飞机的行进			

（二）实训任务

1. 移动航空器前，必须确保飞机的状态有哪些？（　　　　）

A. 给航空器供电

B. 确保舱门及盖板已关闭（外部电源和耳机盖板除外）

C. 确保航空器刹车压力、机轮充气和缓冲支柱压缩量正常

D. 确保航空器两侧燃油箱的油量平衡

2. 使用起落架安全销前，需要进行目视检查等，请写起落架安全销的检查标准。

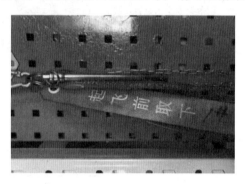

_____

_____

_____

3. 牵引工作后的检查工作有哪些？

_____

_____

_____

（三）巩固任务

查询相关资料，回答问题：地面指挥人员应掌握牵引航空器的哪些技术要求？

_____

_____

_____

五、任务检查

（一）检查工作

进行完工检查，检查结果记录在之前制定的质量检查记录表中，对不符合要求的质量缺陷，完成表2-4-5，并分析原因，制定措施。

表 2-4-5　质量分析记录表

航空器牵引			时间	
序号	质量要求	实际状况	差错分析	整改措施
1	起落架安全销的使用			
2	前轮转弯销的使用			
3	牵引前飞机的状态			
4	与塔台的沟通			
5	飞机与牵引车的连接			

（二）学习任务

检查自己的工作计划，完善表 2-4-6，判断完成的情况。

表 2-4-6　计划完成情况检查表

检查项目	检查结果			完善点	其他
工时执行					
"6S" 执行					
质量成果					
学习投入					
获取知识					
技能水平					
安全、环保					
设备使用					
突发事件					

六、任务评价

（一）技能评价

"航空器牵引"由评价人设定航空器牵引的操作流程，依据结果评定等级（1~10
级），完善表 2-4-7。

表 2-4-7　技能等级评定表

类型	评价因子	学生自查		教师评价		
		是	否	是	否	评分等级
综合能力测评（组内互评）	按时到课					
	工装整齐					
	书、笔齐					
	主动探索					
	服从分配					

表 2-4-7（续）

类型	评价因子	学生自查		教师评价		
		是	否	是	否	评分等级
综合能力测评（组内互评）	自觉学习					
	团结互助					
	小组合作					
	A					
专业能力测评（组间互评）	资料准备					
	工具借用					
	操作规范					
	步骤齐全					
	完工检验					
	安全警示					
	任务时限					
	作业完成					
	B					

（二）工作页评价

完善工作页评价表 2-4-8。

表 2-4-8　工作页评价表

序号	内容	过程评价			权重	合计
		总分	被复查的任务数	百分制成绩		
1	咨询				0.2	
2	计划				0.2	
3	决策				0.05	
4	实施				0.4	
5	检查				0.15	
工作页成绩 =（工作页评分每项最高 100 分）						C

（三）项目总成绩

完成成绩汇总表 2-4-9。

表 2-4-9　项目总成绩计算表

序号	项目工作的内容	成绩转填		权重	中间成绩
1	技能评价	（A+B）/ 2		0.7	
2	工作页评价	C		0.3	

序号	评价	分数段 / 分	总分：	D
1	非常好	91~100		
2	好	81~90		
3	满意	71~80	评价：	
4	足够	60~70		
5	有缺陷	30~59		
6	未掌握	0~29		

总结与提高

一、汇总分析

（1）通过本次学习，我学到的知识点 / 技能点有：＿＿＿＿＿＿＿＿＿＿＿＿＿＿

＿＿

不理解的有：＿＿＿＿＿＿＿＿＿＿＿＿＿＿＿＿＿＿＿＿＿＿＿＿＿＿＿＿＿＿＿＿＿

＿＿

（2）我认为在以下方面还需要深入学习并提升岗位能力，并将自己的评价分数（百分制）标在下图中。

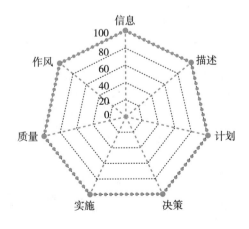

二、他山之石

小组成员评语：_____

_____

_____

教师评语：_____

_____

_____

项目五　航空器系留

航空器系留

班级：_____　　姓名：_____　　学号：_____　　日期：_____　　测评等级：_____

有关说明：

本项目的实施方案依据《航空器维修基础知识和实作培训规范》编写，适用于指导学生完成学习任务；同时，可作为抽查学习成果和检查学习过程的参考资料。

📝 工作描述

工作任务	航空器系留	教学模式	任务驱动和行动导向
建议学时	2 学时	教学地点	一体化教室
任务描述	依据飞机维护手册的要求，进行航空器系留、挡轮挡等操作，并掌握系留航空器前的准备工作和系留设备使用的工作规范，保证航空器系留的安全。 航空器系留可以有效防止航空器在停留期间非正常移动，保持航空器处于安全状态。开展航空器系留工作之前，必须对航空器系留的工作流程有基本认知，这样在实践工作中才能关注到每个细节，提高飞机维护质量。本项目的知识点包含航空器系留的准备事项、操作步骤和收尾工作等，掌握本项目的内容可为顺利开展飞机勤务工作奠定理论基础		
学习目标	知识目标	1.描述航空器系留的时机。 2.描述航空器系留所需工具、设备的使用规范。 3.熟悉飞机停放区域的场地要求。 4.描述停留刹车的设置方法。 5.描述系留前飞机状态的准备事项。 6.描述轮挡的合格性检查内容和放置轮挡的规范。 7.熟悉系留工作完成后的检查。 8.描述系留飞机时安全操作规程和个人防护。 9.描述指挥员、机上人员和监护员的职责	
	能力目标	1.能根据气象预警信息确定航空器的系留时机。 2.能完成系留航空器的场地准备。 3.能掌握航空器系留所需工具、设备的使用要领。 4.能掌握停留刹车的设置方法。 5.能根据手册要求做好系留前飞机状态的准备。 6.能根据手册要求完成系留飞机后的检查工作。	

（续）

学习目标	能力目标	7. 能做好系留飞机时的个人防护。 8. 能做好工作现场的"6S"管理以及持续改善。 9. 能按计划实施操作	
	素质目标	1. 具有爱岗敬业、诚实守信、遵章守纪的良好职业道德。 2. 具备严谨规范、精益求精、吃苦耐劳的优良品质。 3. 具备团队协作、人际沟通良好的社会交往能力。 4. 具备从事本专业工作的安全防护、安全文明生产和环境保护等意识。 5. 具备"航空报国、追求卓越"的职业素养	
学习准备	维修工作单	AMM 10-21-00-580-801	
	工具设备	轮挡、专用系留设备（前起落架系留设备 SPL-1520、主起落架系留带 COM-6734、起落架系留挂钩 STD-11380）	
	人员分组	小组人员岗位由组长分配	
	工作岗位	时段一	时段二
	班组长		
	操作人员		
	辅助人员		
	安全监督		
	质量检验		
	"6S"管理		
重、难点	重点	系留航空器的工作流程	 重点？难点？
	难点	系留设备的使用规范	

🖨 知识链接

【航空器系留】

一、接受维修任务

（1）从规定渠道获取风害来临气象信息通报，并确定系留航空器。

（2）领取或打印维修工作单卡：AMM 10-21-00-580-801，如图 2-5-1 所示。

（3）领用工具设备、器材：

a. 手套、抹布、手电（按需）、工具盘、扳手、套筒。

b. 轮挡、专用系留设备（前起落架系留设备 SPL-1520、主起落架系留带 COM-

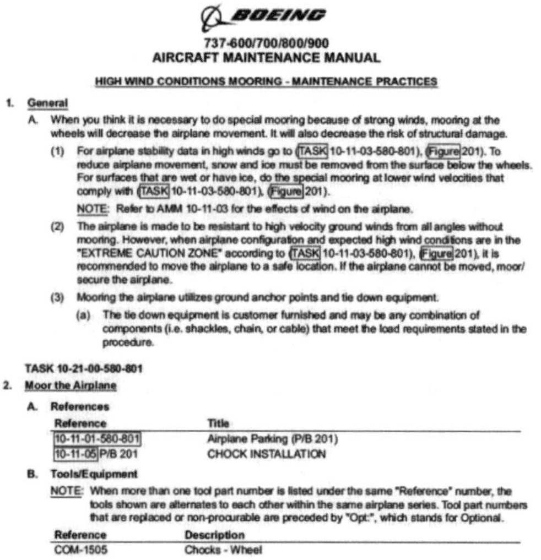

BOEING

737-600/700/800/900
AIRCRAFT MAINTENANCE MANUAL

HIGH WIND CONDITIONS MOORING - MAINTENANCE PRACTICES

1. **General**
   A. When you think it is necessary to do special mooring because of strong winds, mooring at the wheels will decrease the airplane movement. It will also decrease the risk of structural damage.
      (1) For airplane stability data in high winds go to [TASK]10-11-03-580-801). [Figure]201). To reduce airplane movement, snow and ice must be removed from the surface below the wheels. For surfaces that are wet or have ice, do the special mooring at lower wind velocities that comply with [TASK]10-11-03-580-801). [Figure]201).
      NOTE: Refer to AMM 10-11-03 for the effects of wind on the airplane.
      (2) The airplane is made to be resistant to high velocity ground winds from all angles without mooring. However, when airplane configuration and expected high wind conditions are in the "EXTREME CAUTION ZONE" according to [TASK]10-11-03-580-801). [Figure]201), it is recommended to move the airplane to a safe location. If the airplane cannot be moved, moor/secure the airplane.
      (3) Mooring the airplane utilizes ground anchor points and tie down procedure.
         (a) The tie down equipment is customer furnished and may be any combination of components (i.e. shackles, chain, or cable) that meet the load requirements stated in the procedure.

   TASK 10-21-00-580-801

2. **Moor the Airplane**
   A. **References**

Reference	Title
10-11-01-580-801	Airplane Parking (P/B 201)
10-11-05/P/B 201	CHOCK INSTALLATION

   B. **Tools/Equipment**
   NOTE: When more than one tool part number is listed under the same "Reference" number, the tools shown are alternates to each other unless the airplane effectivity is specified. Tool part numbers that are replaced or non-procurable are preceded by "Opt:", which stands for Optional.

Reference	Description
COM-1505	Chocks - Wheel

图 2-5-1　维修手册示意图

6734、起落架系留挂钩 STD-11380，见图 2-5-2 ）。

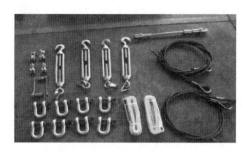

图 2-5-2　专用系留设备

（四）检查飞机预定的停放区域

1. 飞机型号符合停放区域允许进出和停放的最大机型限制，停放区域内各标线、引导线清晰可见，停放区域内的地面设备已放置在规定的存放区域标线内。

2. 飞机在滑行或拖行到停放机位过程中以及飞机停放后，与其他飞机、地面设备或其他障碍物之间的横向安全距离（净距）符合安全标准。

3. 飞机相对停放时的间距应至少为翼展的 1.35~1.5 倍，以保证滑行转弯需要空间。说明：机型维修手册（或说明书）有具体要求的应优先采用。

4. 不同型号的飞机分开停放，并考虑飞机试车、滑行时的气流不应对其他飞机构成危险；维修人员对进出和停放区域的道面进行检查，确定停机坪表面不能有松散碎块脱落，保持清洁干净。

5. 轮挡合格性检查：确认停放区轮挡的规格和数量是否满足要求，检查轮挡的状况是否良好。

二、系留前飞机的状态

警告：确保轮挡已正确安放。如果轮挡安放不正确，飞机可能移动，导致飞机损伤。注意：必须去除机轮下面及周围的雪或冰，以降低飞机移动的可能。

（1）飞机停放。

除必须设置停留刹车（见图 2-5-3）之外，还需执行程序：飞机停放 TASK 10-11-01-580-801。

图 2-5-3　设置停留刹车

说明：在执行飞机停放的工卡 TASK 10-11-01-580-801 时，无须执行静电接地工作，另外，对于保护盖的安装工作，仅需安装前机身的 3 个皮托管套即可。如有风沙天气，按照沙尘天气航线维护的要求执行保护盖的安装。

（2）确保飞机按要求挡轮挡。

a. 如果停机坪没有倾斜度，则执行下列工作：

放置起落架轮挡，确保轮挡距离起落架轮胎后部的距离 51mm（2in）。

说明：当给飞机加载时，如果轮挡放置得过于接近轮胎的话，轮胎可能会压住轮挡使其难以移出。

b. 如果停机坪有倾斜度，则执行下列工作：

在放置位于前起落架和主起落架轮胎下游的轮挡时，确保其与轮胎接触，且每个机轮都须挡上轮挡；在放置位于上游的轮挡时，确保其与轮胎的间距大约 51mm（2in）。

说明：波音手册对大风情况下放置轮挡有明确要求：当风速 ≤ 35kn（65km/h 或 18m/s）时，参考 TASK 10-11-05-500-801；当风速 > 35kn（65km/h 或 18m/s）时，参考 TASK 10-11-05-500-802。

（3）设置电瓶电门到 ON 位。

警告：停留刹车设置后 8 个小时内有效。在超过 8 个小时之前，必须释放并再次设置停留刹车。这将确保停留刹车有足够的液压压力。否则飞机可能意外移动而损伤。

（4）在机长控制台上，踩下刹车脚蹬，并拉起停留刹车手柄。

（5）然后松开脚蹬并放开停留刹车手柄。

说明：确保停留刹车已设好并且控制台上的停留刹车指示灯点亮。

（6）如果不再需要电瓶电源，则将电瓶电门置于 OFF 位置。

警告：不要阻碍驾驶杆或方向舵脚蹬的移动。如果驾驶杆或脚蹬不能移动，可能造成操纵系统损伤。

（7）确保襟翼在完全收上位，以减少机翼升力。

三、系留前起落架

系留前起落架见图 2-5-4。

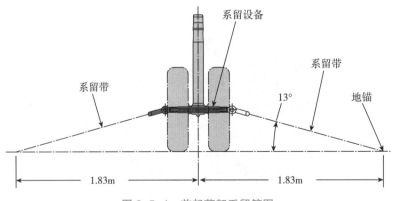

图 2-5-4　前起落架系留简图

（1）安装前起落架系留设备到前起落架，如图 2-5-5（a）、（b）、（c）所示。

（a）   （b）

（c）

图 2-5-5　安装前起落架系留设备

（2）连接系留装置另一端到地锚，如图 2-5-6 所示。

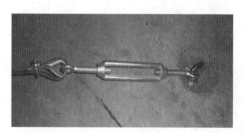

图 2-5-6　连接地锚

（3）前起落架两侧的系留设备和地锚（见图 2-5-7）必须符合下列承载能力：

a. 平行于飞机 Y 轴载荷 73000N（16425lbf）；

b. 拉伸载荷 74000N（16650lbf）。

图 2-5-7　前起落架系留示例

（4）进行检查，确保所有的系留带张力相同。

四、系留主起落架，如图 2-5-8 所示

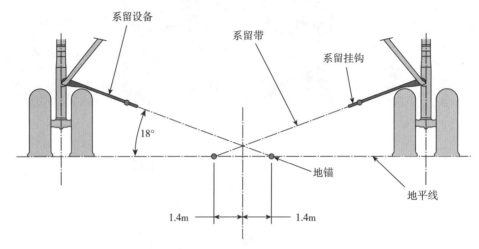

图 2-5-8　主起落架系留简图

（1）在每个主起落架缓冲支柱上平行于飞机 Y 轴，绑上系留带和钩环。

（2）将系留设备拴在主起落架的锁扣处，如图 2-5-9 所示。

（3）将主起落架系留设备另一端连接到对侧地锚上，如图 2-5-10 所示。

图 2-5-9　主起落架连接处

图 2-5-10　主起落架连接地锚

（4）主起落架两侧的系留设备和地锚必须符合下列承载能力：

a. 平行于飞机 Y 轴载荷 46000N（10350lbf）；

b. 拉伸载荷 49000N（11025lbf）。

说明：过大的张力可能在大风条件下造成飞机连接点处发生应变变形。

五、收尾

（1）清点工具。

（2）恢复工作现场。

（3）归还工具设备。

（4）将维修工作单卡等维修记录反馈给相关部门。

六、航空器系留的工作规范

（1）航空器的系留设备应符合维修手册的要求。

（2）航空器停放时的系留要求和大风时的附加措施，应按维修手册规定执行。

（3）给飞机加注燃油以达到最大燃油容量，尽可能地将飞机重心向前移动。

警告：遵守加油操作程序中的预防措施，如果不遵守这些要求，会导致火灾或爆炸、人员受伤或设备损坏。

（4）确保所有的窗户、洗手间门、外部门、接近盖板关闭并锁好。

（5）确保相应的堵盖和堵头紧固在位。

（6）确认飞机周围没有强风条件下可能移动，会造成飞机损伤的设备。

【轮挡的使用】

航空器停放期间，应放置轮挡，轮挡可防止航空器意外滑动，轮挡应采用金属或者其他等强度的非金属材料，如图 2-5-11 和图 2-5-12 所示。航空器试车、防风和长期停放以及斜坡停放航空器使用的轮挡应该按照维修手册的技术要求执行。开展挡轮挡工作之前，必须对轮挡使用的工作流程有基本认知，这样在实践工作中才能关注到每个细节，提高飞机维护质量。本项目的知识点包含轮挡使用的准备事项、操作步骤和收尾工作等，掌握本项目的内容为顺利开展飞机勤务工作奠定理论基础。

图 2-5-11　橡胶轮挡

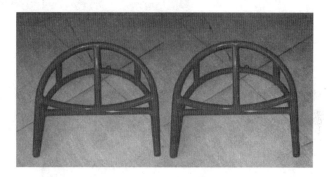

图 2-5-12　金属轮挡

（一）准备事项

1. 接受维修任务。

领取或打印维修工作单卡。

2. 领用工具、设备、器材：手套、抹布、手电（按需）和轮挡。

3. 彻底清除轮挡放置区的霜、冰、雪和油污。

4. 确保轮挡完整可用，数量齐全；金属轮挡的防滑齿没有缺失，结构钢管没有断裂、压塌、脱焊等现象；橡胶轮挡的防滑条没有脱落，没有出现橡胶破裂、掉块等情况。

（二）放置轮挡

1.轮挡摆放时机：当飞机到达指定位置后，监护员向指挥员发出停止信号，指挥员立即向机组发出停止滑行信号，指挥机组设置停留刹车并关停发动机，指挥员在所有发动机关停后给出挡轮挡信号，如图2-5-13所示。

2.轮挡摆放数量：正常情况下飞机航后和过站，前起落架同一机轮前后必须放置轮挡，每个主起落架的外侧机轮前、后各放置一个轮挡，每架飞机共放置6个轮挡。

3.轮挡应靠近轮胎放置，间距不应超过51mm（2in），如图2-5-14所示。如果停留在带有坡度的机坪上时，下坡度方向的轮挡应紧贴轮胎放置，上坡方向轮挡与轮胎间距不应超过51mm（2in）。

图2-5-13　指挥员挡轮挡手势信号　　　　图2-5-14　轮挡使用示例

4.当外界风速大于65km/h（35kn）时，所有机轮应放置轮挡，轮挡应靠近轮胎放置，间距不应超过51mm（2in），如图2-5-15和图2-5-16所示；如果停留在带有坡度的机坪上时，下坡度方向的轮挡应紧贴轮胎放置，上坡方向轮挡与轮胎间距不应超过51mm（2in）。

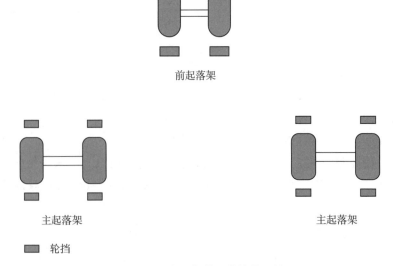

图2-5-15　大风条件下轮挡使用简图

图 2-5-16　大风条件下轮挡使用示例

5. 发动机试车时前轮挡与轮胎距离为 152~305mm（6~12in），后轮挡应贴近轮胎但轮挡不能接触轮胎。

6. 如需在发动机运转情况下放置轮挡时，应在指挥员发出信号后，且发动机处于慢车状态时，从安全通道进出。

7. 先挡前轮轮挡，后挡主轮轮挡（见图 2-5-17 和图 2-5-18）；在所有轮挡挡好后，由指挥员给出可以靠廊桥或停靠客梯车指令并通知机组松刹车。

图 2-5-17　挡前轮轮挡

图 2-5-18　挡主轮轮挡

（三）撤除轮挡

1. 确认机组设置刹车后撤掉轮挡，撤轮挡时注意防止轮挡与机轮、轮毂碰撞造成损伤。

2. 对于使用有牵引杆进行牵引的飞机（见图 2-5-19），先撤除左右主轮轮挡，待连接好牵引杆 / 牵引车后再撤除前轮轮挡。

3. 对于使用无牵引杆进行牵引的飞机（见图 2-5-20），先撤除前轮和一侧起落架主轮轮挡，待连接牵引车后再撤除另一侧主轮轮挡。

图 2-5-19　牵引杆牵引飞机

图 2-5-20　抱轮式牵引飞机

4. 需要在发动机运转状态下取轮挡时，应在指挥员发出信号后，发动机处于慢车状态时，按手册规定的安全通道进出。

（四）收尾

1. 清点工具。

2. 恢复工作现场。

3. 确保维修工作单卡、飞行记录本等维修记录已完成签署。

4. 归还工具设备。

5. 将维修工作单卡等维修记录反馈给相关部门。

（五）轮挡使用规范

1. 轮挡的数量和位置符合维修手册要求。

2. 确保轮挡完好可用。

3. 确保轮挡放置区无冰、雪、霜和油污等。

4. 应在发动机关车或指挥人员发出信号后，挡轮挡。

5. 从机轮的侧面放置轮挡，且靠近轮胎。

6. 发动机运转时，如需挡、撤轮挡，应在指挥人员发出信号后，按照维修手册规定的安全通道进出。

7. 确保撤轮挡前航空器已刹车。

🔍 任务提示

一、引导文

（1）了解航空器系留的准备事项。

（2）掌握航空器系留的操作流程。

（3）熟悉航空器系留的工作规范。

二、工作方法

（1）查阅手册后回答引导问题，可以使用的材料有手册、网络资源等。

（2）以小组讨论的形式完成工作计划。

（3）按照工作计划，完成维修工作单卡的填写和航空器系留的任务，对于计划中未考虑的问题，请先尽量自行解决，如果无法解决再与培训教师进行讨论。

（4）与教师讨论，进行工作总结。

三、工作内容

（1）分析打印维修工作单卡，拟订测量计划。

（2）工具、耗材的选择。

（3）航空器系留的流程。

（4）工具、设备、现场"6S"管理。

（5）轮挡、起落架安全销的正确使用。

四、知识储备

（1）航空器系留工具的借用。

（2）系留航空器前的场地和飞机准备。

（3）系留设备的使用规范。

（4）航空器停放时的系留要求和大风时的附加措施。

（5）轮挡、起落架安全销的使用规范。

五、注意事项与工作提示

（1）飞机在滑行或拖行到停放机位过程中以及飞机停放后，与其他飞机、地面设备或其他障碍物之间的横向安全距离符合安全标准。

（2）飞机相对停放时的间距应至少为翼展的1.35~1.5倍，以保证滑行转弯需要空间。

（3）不同型号的飞机分开停放，并考虑飞机试车、滑行时的气流不应对其他飞机构成危险。

（4）维修人员对进出和停放区域的道面进行检查，确定停机坪表面不能有松散碎块脱落，保持清洁干净。

（5）轮挡合格性检查：确认停放区轮挡的规格和数量满足要求，检查轮挡的状况良好。

六、劳动安全

（1）确保轮挡已正确安放。如果轮挡安放不正确，飞机可能移动，导致飞机损伤。

（2）遵守加油操作程序中的预防措施，如果不遵守这些要求，会导致火灾或爆炸、人员受伤或设备损坏。

（3）需要在发动机运转状态下取轮挡时，应在指挥员发出信号后，发动机处于慢车状态时，按手册规定的安全通道进出。

七、环境保护

（1）参照飞机维护手册相应章节的内容。

（2）航空器系留的场地要求。

（3）熟悉机场内的各种标志。

⚙ **工作过程**

一、任务咨询

（一）学习任务

1.查阅相关资料，描述系留航空器前应做好哪些准备工作？

_____

_____

2.查阅相关资料，描述主起落架两侧的系留设备和地锚必须有哪些载荷？

_____

_____

（二）查询任务

1.停留刹车设置后（　　）个小时内有效？

A. 4　　　　　　　　B. 8　　　　　　　　C. 16　　　　　　　　D. 24

2.系留飞机前，飞机应处于什么准备状态？

_____

_____

3.简述挡轮挡时的注意事项。

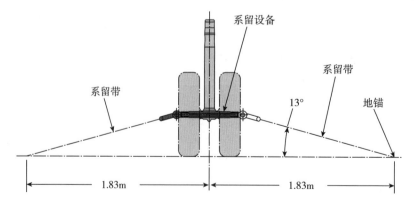

4.请描述航空器系留的工作规范。

_____

_____

_____

5.飞机相对停放时的间距应至少为翼展的 _____ 倍，以保证滑行转弯需要空间。说明：机型维修手册（或说明书）有具体要求的应 _____ 。

二、任务计划

（一）查询工作

查询手册，制定本任务工序卡，在表 2-5-1 中表述你的工序。

表 2-5-1　系留飞机的工序卡

序号	区域	工作步骤	工具 / 设备	时间
签字		校对		审核
日期				

（二）记录工作

完成该项目需要的设备、工具记录表 2-5-2。

表 2-5-2　航空器系留需要的设备、工具清单

序号	名称	型号	数量	用途	备注
1					
2					
3					
4					
5					
6					

表 2-5-2（续）

序号	名称	型号	数量	用途	备注
7					
8					
9					

（三）判断

飞机系留时是否取下前轮转弯旁通销。（　　　）

理由：_____

_____

_____

三、任务决策

（一）学习任务

实训前，进行关键技术方面的检查、决策，按表 2-5-3 要点执行。

表 2-5-3　决策要素

序号	决策点	请决策	
1	工序是否完整、科学	是○	否○
2	起落架安全销是否安装	是○	否○
3	工具是否满足	是○	否○
4	飞机停放场地是否符合规定	是○	否○
5	飞机状态是否准备妥当	是○	否○
6	系留过程资料是否准备	是○	否○
7	机场气象预警信息是否接收	是○	否○
8	劳动保护是否达到要求	是○	否○
9	是否征求了教师的意见	是○	否○

（二）对比任务

与教师制订的工作方案对比，进行决策分析。

_____

_____

_____

四、任务实施

（一）学习任务

为了工作的精益化，填写学习过程记录表 2-5-4，方便日后总结。

表 2-5-4　航空器系留过程记录

事项	属于精益调整	属于正常操作	用时 /min
工具准备		完成规范操作且符合要求	5
系留航空器前的场地准备			
系留航空器前的飞机准备			
气象预警信息的接收			
系留设备承载能力的测试			
轮挡的使用规范			
飞机系留后的完工检验			

（二）实训任务

1. 移动航空器前，必须确保襟翼处于（　　　）位？

A. 完全放下　　　　　　　B. 完全收上

C. 放下 25°　　　　　　　D. 放下 5°

2. 使用轮挡前，需要进行目视检查，请写出橡胶轮挡的检查标准。

3. 系留工作完工后的检查工作有哪些？

（三）巩固任务

查询相关资料，回答问题：波音手册对大风情况下放置轮挡有哪些规定？

五、任务检查

（一）检查工作

进行完工检查，检查结果记录在之前制定的质量检查记录表中，对不符合要求的质量缺陷，完成表 2-5-5，并分析原因，制定措施。

表 2-5-5　质量分析记录表

航空器系留			时间	
序号	质量要求	实际状况	差错分析	整改措施
1	起落架安全销的使用			
2	轮挡的使用			
3	系留前飞机的状态			
4	系留前停机位的准备			
5	停留刹车的设置			
6	系留设备的使用			

（二）学习任务

检查自己的工作计划，完善表 2-5-6，判断完成的情况。

表 2-5-6　计划完成情况检查表

检查项目	检查结果		完善点	其他
工时执行				
"6S" 执行				
质量成果				
学习投入				
获取知识				
技能水平				
安全、环保				
设备使用				
突发事件				

六、任务评价

（一）技能评价

"航空器系留"由评价人设定航空器系留的操作流程，依据结果评定等级（1~10级），完善表 2-5-7。

表 2-5-7　技能等级评定表

类型	评价因子	学生自查		教师评价		
		是	否	是	否	评分等级
综合能力测评（组内互评）	按时到课					
	工装整齐					
	书、笔齐					
	主动探索					
	服从分配					
	自觉学习					
	团结互助					
	小组合作					
	A					
专业能力测评（组间互评）	资料准备					
	工具借用					
	操作规范					
	步骤齐全					
	完工检验					
	安全警示					
	任务时限					
	作业完成					
	B					

（二）工作页评价

完善工作页评价表 2-5-8。

表 2-5-8　工作页评价表

序号	内容	过程评价			权重	合计
		总分	被复查的任务数	百分制成绩		
1	咨询				0.2	
2	计划				0.2	
3	决策				0.05	
4	实施				0.4	
5	检查				0.15	
工作页成绩 =（工作页评分每项最高 100 分）						C

（三）项目总成绩

完成成绩汇总表 2-5-9。

表 2-5-9　项目总成绩计算表

序号	项目工作的内容	成绩转填	权重	中间成绩
1	技能评价	（A+B）/2	0.7	
2	工作页评价	C	0.3	

序号	评价	分数段 / 分	总分：	D
1	非常好	91~100		
2	好	81~90		
3	满意	71~80	评价：	
4	足够	60~70		
5	有缺陷	30~59		
6	未掌握	0~29		

总结与提高

一、汇总分析

（1）通过本次学习，我学到的知识点 / 技能点有：_____

_____

不理解的有：_____

_____

（2）我认为在以下方面还需要深入学习并提升岗位能力，并将自己的评价分数（百分制）标在下图中。

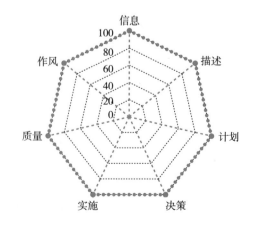

二、他山之石

小组成员评语：_____

_____

_____

教师评语：_____

_____

_____

放燃油沉淀

项目六　放燃油沉淀

班级：_____　　姓名：_____　　学号：_____　　日期：_____　　测评等级：_____

有关说明：

本项目的实施方案依据《航空器维修基础知识和实作培训规范》编写，适用于指导学生完成学习任务；同时，可作为抽查学习成果和检查学习过程的参考资料。

工作描述

工作任务	放燃油沉淀	教学模式	任务驱动和行动导向
建议学时	2 学时	教学地点	一体化教室
任务描述	依据飞机维护手册的要求，进行放燃油沉淀、检查燃油质量等操作，并做好燃油留样工作（燃油留样瓶见图），保证燃油的质量符合飞行安全。 定期对燃油箱放沉淀，可以防止燃油箱内积存水分、杂质和生长微生物。根据航空器制造厂家推荐的时间间隔和营运人自身运行情况，确定航空器的放沉淀间隔。开展放燃油沉淀工作之前，必须对放燃油沉淀的工作流程有基本认知，这样在实践工作中才能关注到每个细节，提高飞机维护质量。本项目的知识点包含放燃油沉淀的准备事项、操作步骤和收尾工作等，掌握本项目的内容可为顺利开展飞机勤务工作奠定理论基础		
学习目标	知识目标	1. 描述放燃油沉淀的时机。 2. 描述燃油沉淀的特征。 3. 知道燃油沉淀物对燃油系统的危害。 4. 描述放油工具的操作方法。 5. 描述燃油中出现水分和杂质的处理措施。 6. 根据飞机维护手册查阅寒冷季节放燃油沉淀的规定。 7. 熟悉燃油的目视检查标准。 8. 描述放燃油沉淀时安全操作规程和个人防护。 9. 描述放燃油沉淀后的检查事项	
	能力目标	1. 能按手册要求把握放燃油沉淀的时机。 2. 能根据燃油的检查标准选择不同的处置方案。 3. 能熟练使用放油工具进行放沉淀工作。 4. 能根据手册要求检查燃油质量。 5. 能熟悉燃油沉淀物对燃油系统的危害。	

（续）

学习目标	能力目标	6. 能正确分析燃油沉淀形成的原因。 7. 能做好放燃油沉淀时的个人防护。 8. 能做好工作现场的"6S"管理以及持续改善。 9. 能按计划实施操作	
	素质目标	1. 具有爱岗敬业、诚实守信、遵章守纪的良好职业道德。 2. 具备严谨规范、精益求精、吃苦耐劳的优良品质。 3. 具备团队协作、人际沟通良好的社会交往能力。 4. 具备从事本专业工作的安全防护、安全文明生产和环境保护等意识。 5. 具备"航空报国、追求卓越"的职业素养	
学习准备	维修工作单	AMM 12-11-00-680-801	
	工具设备	放油专用工具、空油桶（专用的盛油容器，如塑料桶）、抹布、油样瓶、手套、手电（按需）、封条	
	人员分组	小组人员岗位由组长分配	
	工作岗位	时段一	时段二
	班组长		
	操作人员		
	辅助人员		
	安全监督		
	质量检验		
	"6S"管理		
重、难点	重点	放燃油沉淀的方法	
	难点	燃油质量的检查标准	

📠 知识链接

燃油沉淀物：指燃油中的水、冰晶、微生物或其他杂质。通常情况下，燃油中的水以沉淀于燃油下的水层或悬浮于燃油中的水滴存在；冰晶呈现出阴暗浑浊的状态；微生物是粉红色。

燃油中的水和冰晶沉积在油箱中聚集起来后，水和燃油的交界处容易滋生微生物。燃油中的微生物能腐蚀油箱结构，造成油箱漏油或者对整体油箱的飞机大翼结构造成腐蚀；也可以随燃油进入发动机后，对发动机造成危害。

一、接受维修任务

（1）领取或打印维修工作单卡：AMM 12-11-00-680-801，如图 2-6-1 所示。

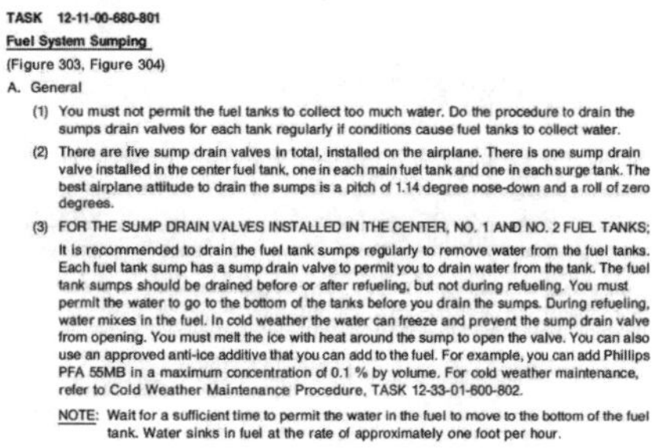

（2）领用工具、设备、器材：放油专用工具

TASK 12-11-00-680-801

8. Fuel System Sumping
(Figure 303, Figure 304)

A. General

(1) You must not permit the fuel tanks to collect too much water. Do the procedure to drain the sumps drain valves for each tank regularly if conditions cause fuel tanks to collect water.

(2) There are five sump drain valves in total, installed on the airplane. There is one sump drain valve installed in the center fuel tank, one in each main fuel tank and one in each surge tank. The best airplane attitude to drain the sumps is a pitch of 1.14 degree nose-down and a roll of zero degrees.

(3) FOR THE SUMP DRAIN VALVES INSTALLED IN THE CENTER, NO. 1 AND NO. 2 FUEL TANKS: It is recommended to drain the fuel tank sumps regularly to remove water from the fuel tanks. Each fuel tank sump has a sump drain valve to permit you to drain water from the tank. The fuel tank sumps should be drained before or after refueling, but not during refueling. You must permit the water to go to the bottom of the tanks before you drain the sumps. During refueling, water mixes in the fuel. In cold weather the water can freeze and prevent the sump drain valve from opening. You must melt the ice with heat around the sump to open the valve. You can also use an approved anti-ice additive that you can add to the fuel. For example, you can add Phillips PFA 55MB in a maximum concentration of 0.1 % by volume. For cold weather maintenance, refer to Cold Weather Maintenance Procedure, TASK 12-33-01-600-802.

NOTE: Wait for a sufficient time to permit the water in the fuel to move to the bottom of the fuel tank. Water sinks in fuel at the rate of approximately one foot per hour.

图 2-6-1　维修手册示意图

（见图 2-6-2）、空油桶（专用的盛油容器，如塑料桶）、抹布、油样瓶、手套、手电（按需）、封条。

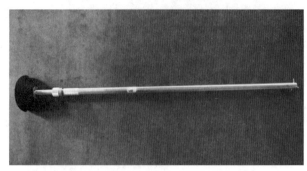

图 2-6-2　放油专用工具

二、操作流程

（1）清洁放油杆、放油活门和活门附近蒙皮。

（2）放中央油箱沉淀时需打开机腹下方的中央油箱放油盖板，接近放油活门。

（3）接油桶摆放到放油活门下方，放油杆末端插入油桶中，放油杆的顶部对准放油活门的顶升阀，如图 2-6-3 所示。

（4）向上推放油杆，顶开放油活门，放出约 2L 燃油。

（5）从燃油箱中放出约 2/3 瓶（油样瓶）燃油。

（6）若油样瓶内有污染物，清洁油样瓶后再收集油样。

（7）旋转晃动油样瓶，观察瓶中燃油是否有杂质、水分，如图 2-6-4 所示。

图 2-6-3　燃油箱放油口

图 2-6-4　油样瓶和油样

（8）如果发现油样瓶中有水分或杂质，重复上述步骤直至油样满足标准要求，若油样仍无法满足要求，需报告。

（9）在油样瓶上标记机号、日期等，将油样封存。

（10）确保放油活门复位，用抹布将放油活门附近擦拭干净，并没有燃油渗漏。

三、收尾

（1）清点工具。

（2）恢复工作现场。

（3）确保维修工作单卡、飞行记录本等维修记录已完成签署。

（4）归还工具设备。

（5）将维修工作单卡等维修记录反馈给相关部门。

四、放燃油沉淀的工作规范

（1）确保航空器燃油充分沉淀后，再放沉淀，例如，波音 737-300 飞机需要停放 4h。

（2）排放规定容量的燃油后，使用清洁的油样瓶从燃油箱取油样。

（3）目视检查油样，确保燃油清洁、透明。燃油中有水分表现为油液有一层沉淀物或小水泡，微生物、冰晶等杂质表现为燃油浑浊。

（4）若水分检查结果不符合要求，应继续放燃油沉淀、进行油样检查，直至油样符合要求。若油样仍无法满足要求，需要报告。

（5）若发现航空器燃油中有外来物、微生物或变色等异常现象，应依据维修手册执行后续工作。

（6）油样检查合格后，封存备查。

🔍 任务提示

一、引导文

（1）了解放燃油沉淀的准备事项。

（2）掌握放燃油沉淀的操作流程。

（3）熟悉放燃油沉淀的工作规范。

二、工作方法

（1）查阅手册后回答引导问题，可以使用的材料有手册、网络资源等。

（2）以小组讨论的形式完成工作计划。

（3）按照工作计划，完成维修工作单卡的填写和放燃油沉淀的任务，对于计划中未考虑的问题，请先尽量自行解决，如果无法解决再与培训教师进行讨论。

（4）与教师讨论，进行工作总结。

三、工作内容

（1）分析打印维修工作单卡，拟订测量计划。

（2）工具、耗材的选择。

（3）放燃油沉淀。

（4）工具、设备、现场"6S"管理。

（5）放燃油沉淀后的检查。

四、知识储备

（1）放燃油沉淀工具的借用。

（2）放出燃油的质量分析。

（3）放油活门故障的处理。

（4）油样保管的规定。

（5）完工质量检验的标准。

五、注意事项与工作提示

（1）飞机完成航前维护前以及加注燃油之前，如果检查前已加了油，要等水分完全沉淀下来之后检查。

（2）用放油杆顶活门是要保持与放油口垂直。

（3）用清洁的塑料或者玻璃容器的试杯从油箱中的燃油取样。

（4）放燃油沉淀后，清洁放油活门周围蒙皮上的油迹。

六、劳动安全

（1）放燃油沉淀时，为防止燃油溅射到人员皮肤、眼睛，需要带橡胶手套和护目镜。

（2）放燃油沉淀时，要做好预防静电起火的工作。

（3）航空煤油有一定的腐蚀／刺激性，如果吸入或吞食，会造成更大的损害，甚至可能致命。

七、环境保护

（1）参照飞机维护手册相应章节的内容。

（2）飞机应停位置的规定。

（3）地面油液残留的处理。

⚙ 工作过程

一、任务咨询

（一）学习任务

1. 查阅相关资料，描述燃油沉淀的危害。

_____

_____

2. 查阅相关资料，说明放燃油沉淀的时机。

_____

_____

_____

（二）查询任务

1. 使用适当的放油工具打开燃油沉淀槽放油活门，放出至少（　　　）L 的燃油。

A. 1   B. 2   C. 4   D. 6

2. 燃油沉淀形成的原因有哪些？

_____

_____

3. 目视检查燃油的标准是什么？

_____

_____

_____

4. 若检查发现航空器燃油中有外来物、_____ 或 _____ 时，应取样化验，找出原因，并采取相应措施。

二、任务计划

（一）查询工作

查询手册，制定本任务工序卡，在表 2-6-1 中表述你的工序。

表 2-6-1   放燃油沉淀的工序卡

序号	区域	工作步骤	工具 / 设备	时间
签字		校对		审核
日期				

（二）记录工作

完成该项目需要的设备、工具记录表 2-6-2。

表 2-6-2   放燃油沉淀需要的设备、工具清单

序号	名称	型号	数量	用途	备注
1					
2					

表 2-6-2（续）

序号	名称	型号	数量	用途	备注
3					
4					
5					
6					
7					
8					
9					

（三）判断

大风、雷雨天气是否可以进行放燃油沉淀？（   ）

理由：_____

_____

三、任务决策

（一）学习任务

实训前，进行关键技术方面的检查、决策，按表 2-6-3 要点执行。

表 2-6-3　决策要素

序号	决策点	请决策	
1	工序是否完整、科学	是○	否○
2	放油时机是否规范	是○	否○
3	放油工具是否满足	是○	否○
4	量具是否满足	是○	否○
5	燃油质量是否符合规定	是○	否○
6	放燃油沉淀过程资料是否准备	是○	否○
7	完工检查是否规范	是○	否○
8	劳动保护是否达到要求	是○	否○
9	是否征求了教师的意见	是○	否○

（二）对比任务

与教师制定的工作方案对比，进行决策分析。

_____

_____

_____

四、任务实施

（一）学习任务

为了工作的精益化，填写学习过程记录表2-6-4，方便日后总结。

表2-6-4 放燃油沉淀过程记录

事项	属于精益调整	属于正常操作	用时 /min
工具准备		完成规范操作且符合要求	5
打开燃油沉淀槽放油活门			
从油箱中盛取燃油油样			
目视检查燃油质量			
放燃油沉淀前清洁放油口			
放燃油沉淀前清洁放油杆			
放燃油沉淀后清洁放油口			
放中央油箱燃油沉淀后关闭接近盖板			

（二）实训任务

1. 完成放燃油沉淀工作中，下列哪些事项是正确的？（　　　　）

A. 在油箱的每个放油口都要进行放油检查

B. 放油检查工作需要 2 人协同进行

C. 任何人员不能只放油而不检查

D. 放燃油沉淀必须放出 1L 的燃油

2. 使用专用放油工具放燃油沉淀，请熟悉放油工具、量杯的使用方法。

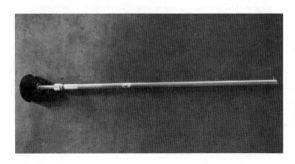

_____

_____

_____

3. 记录你观察到的实际燃油质量状况。

_____

_____

_____

（三）巩固任务

如果目视检查燃油质量不符合要求，请给出处理方案。

_____

_____

_____

五、任务检查

（一）检查工作

进行完工检查，检查结果记录在之前制定的质量检查记录表中，对不符合要求的质量缺陷，完成表2-6-5，并分析原因，制定措施。

表2-6-5　质量分析记录表

放燃油沉淀			时间	
序号	质量要求	实际状况	差错分析	整改措施
1	放油工具的使用			
2	放燃油的体积			
3	放油口油迹的处理			
4	地面残油的处理			

（二）学习任务

检查自己的工作计划，完善表2-6-6，判断完成的情况。

表2-6-6　计划完成情况检查表

检查项目	检查结果			完善点	其他
工时执行					
"6S"执行					
质量成果					
学习投入					
获取知识					
技能水平					
安全、环保					
设备使用					
突发事件					

六、任务评价

（一）技能评价

"放燃油沉淀"由评价人设定放燃油沉淀的操作流程，依据结果评定等级（1~10

级），完善表 2-6-7。

表 2-6-7　技能等级评定表

类型	评价因子	学生自查		教师评价		
		是	否	是	否	评分等级
综合能力测评（组内互评）	按时到课					
	工装整齐					
	书、笔齐					
	主动探索					
	服从分配					
	自觉学习					
	团结互助					
	小组合作					
	A					
专业能力测评（组间互评）	资料准备					
	工具借用					
	操作规范					
	步骤齐全					
	完工检验					
	安全警示					
	任务时限					
	作业完成					
	B					

（二）工作页评价

完善工作页评价表 2-6-8。

表 2-6-8　工作页评价表

序号	内容	过程评价			权重	合计
		总分	被复查的任务数	百分制成绩		
1	咨询				0.2	
2	计划				0.2	
3	决策				0.05	
4	实施				0.4	
5	检查				0.15	
工作页成绩 =（工作页评分每项最高 100 分）						C

（三）项目总成绩

完成成绩汇总表2-6-9。

表 2-6-9　项目总成绩计算表

序号	项目工作的内容	成绩转填		权重	中间成绩
1	技能评价	（A+B）/2		0.7	
2	工作页评价	C		0.3	

序号	评价	分数段 / 分	总分：	D
1	非常好	91~100		
2	好	81~90		
3	满意	71~80	评价：	
4	足够	60~70		
5	有缺陷	30~59		
6	未掌握	0~29		

总结与提高

一、汇总分析

（1）通过本次学习，我学到的知识点 / 技能点有：_____

_____

不理解的有：_____

_____

（2）我认为在以下方面还需要深入学习并提升岗位能力，并将自己的评价分数（百分制）标在下图中。

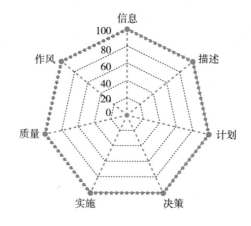

二、他山之石

小组成员评语：

教师评语：

滑油勤务

项目七　滑油勤务

班级：_____　　姓名：_____　　学号：_____　　日期：_____　　测评等级：_____

有关说明：

　　本项目的实施方案依据《航空器维修基础知识和实作培训规范》编写，适用于指导学生完成学习任务；同时，可作为抽查学习成果和检查学习过程的参考资料。

📝 工作描述

工作任务	滑油勤务	教学模式	任务驱动和行动导向
建议学时	2学时	教学地点	一体化教室
任务描述	\[下方内容见表格体\]		

任务描述
依据飞机维护手册的要求，进行滑油勤务、添加滑油或放油等操作，并做好滑油添加记录的填写，保证飞机滑油量符合飞行安全。

任务描述（续）
滑油勤务通常是指对发动机、整体驱动发电机（IDG）、辅助动力装置（APU）等进行的滑油补充及滑油更换工作。滑油常用加注方式为重力加油和压力加油。开展滑油勤务之前，必须对滑油勤务的工作流程有基本认知，这样在实践工作中才能关注到每个细节，提高飞机维护质量。本项目的知识点包含滑油勤务的准备事项、操作步骤和收尾工作等，掌握本项目的内容可为顺利开展飞机勤务工作奠定理论基础

学习目标	知识目标	1.描述滑油勤务的时机。 2.描述滑油量的检查标准。 3.掌握滑油检查"时间窗口"的含义。 4.描述添加、排放滑油的工作步骤。 5.根据手册规定进行滑油消耗量的计算。 6.根据飞机维护手册查阅指定滑油的牌号。 7.熟悉压力加油设备的工作压力规定。 8.描述滑油勤务时安全操作规程和个人防护。 9.描述滑油勤务后的检查事项
	能力目标	1.能按手册要求把握滑油勤务的时机。 2.能根据手册的要求检查滑油量的添加标准。 3.能熟练使用压力加油设备添加滑油。 4.能根据手册要求完成排放滑油的工作。 5.能熟悉加油观察窗的油量标志。

（续）

学习目标	能力目标	6. 能按手册要求控制滑油消耗率。 7. 能做好滑油勤务时的个人防护。 8. 能做好工作现场的"6S"管理以及持续改善。 9. 能按计划实施操作	
	素质目标	1. 具有爱岗敬业、诚实守信、遵章守纪的良好职业道德。 2. 具备严谨规范、精益求精、吃苦耐劳的优良品质。 3. 具备团队协作、人际沟通良好的社会交往能力。 4. 具备从事本专业工作的安全防护、安全文明生产和环境保护等意识。 5. 具备"航空报国、追求卓越"的职业素养	
学习准备	维修工作单	AMM 12-13-21-200-801	
	工具设备	滑油压力加油设备、耐油容器、手套、抹布、手电（按需）、滑油、 O形封圈	
	人员分组	小组人员岗位由组长分配	
	工作岗位	时段一	时段二
	班组长		
	操作人员		
	辅助人员		
	安全监督		
	质量检验		
	"6S"管理		
重、难点	重点	滑油量的检查标准	 重点？ 难点？
	难点	盖好滑油箱口盖的动作要领	

📇 知识链接

一、接受维修任务

（1）领取或打印维修工作单卡：AMM 12-13-21-200-801，如图 2-7-1 所示。

（2）领用工具、设备、器材：

a. 滑油压力加油设备、耐油容器、手套、抹布、手电（按需）；

b. 滑油；

c. O形封圈。

二、检查

（1）确保发动机关车至少 5min。

BOEING®

737-600/700/800/900
AIRCRAFT MAINTENANCE MANUAL

INTEGRATED DRIVE GENERATOR (IDG) - SERVICING

1. **General**
   A. This procedure contains scheduled maintenance task data.
   B. This procedure has these tasks:
      (1) IDG Oil Level Check
      (2) IDG Servicing (Oil Fill)
      (3) IDG Differential Pressure Indicator (DPI) Check
      (4) IDG Oil Change
   TASK 12-13-21-200-801
2. **IDG Oil Level Check**
   (Figure 301)
   A. General
      (1) This procedure is a scheduled maintenance task.
      (2) This task uses the sight glass on the IDG to check the oil level.

图 2-7-1 维修手册示意图

（2）按压并保持 IDG 放气活门至少 15s，通过观察窗（见图 2-7-2 和图 2-7-3）检查滑油量，按需使用抹布清洁观察窗。

图 2-7-2　IDG 勤务盖板

图 2-7-3　IDG 滑油观察窗

警告：不按压放气活门进行放气会导致高温滑油喷溅，烫伤人员。

（3）IDG 的滑油量低于标准时，给 IDG 加油。

（4）IDG 的滑油量高于标准时，给 IDG 放油。

三、放油

（1）确保发动机关车至少 5min。

（2）按压并保持 IDG 放气活门至少 15s。

（3）打开风扇包皮，在 IDG 下部放置耐油容器。

（4）拆除 IDG 壳体排放堵头，排放滑油。

（5）拆下堵头上的 O 形封圈，并剪断报废。

（6）新 O 形封圈上涂抹滑油并安装到排放堵头上。

（7）安装排放堵头。

四、加油

（1）按压并保持 IDG 放气活门至少 15s。

（2）拆下加油接头堵盖。

（3）连接压力加油设备至 IDG 加油接头，如图 2-7-4 和图 2-7-5 所示。

图 2-7-4　IDG

图 2-7-5　IDG 压力加油设备

（4）使用压力加油设备加油，压力不能超过 276kPa（40lbf/in^2）。

（5）加油过程中频繁按压 IDG 放气活门，直至油量符合标准：对于左发 IDG，加油至观察窗上左侧满位标记"LEFT FULL"，滑油液面不应高于该标记。对于右发 IDG，加油至观察窗上右侧满位标记"RIGHT FULL"，滑油液面不应高于该标记。

（6）脱开加油软管，安装 IDG 接头堵盖。

五、收尾

（1）清点工具。

（2）恢复工作现场。

（3）恢复飞机状态。

（4）确保维修工作单卡、飞行记录本等维修记录已完成签署。

（5）归还工具设备。

（6）器材回仓。

（7）将维修工作单卡等维修记录反馈给相关部门。

（8）废油回收到指定区域。

六、滑油勤务的工作规范

（1）按照维修手册规定，选择指定的滑油。如果加注了不适用的油液，须彻底排空系统中的油液，冲洗油箱和管路，并按要求更换部件。

（2）恶劣天气下，防止滑油系统受到污染。

（3）工作前，维修人员需做好个人安全防护措施。例如，合成滑油具有一定的毒性，皮肤接触滑油后应及时冲洗。

（4）压力加油设备的工作压力不应超过维修手册要求。

（5）手册中对滑油的检查和补充时间有明确要求的，严格按要求执行。

🔍 任务提示

一、引导文

（1）了解滑油勤务的准备事项。

（2）掌握滑油勤务的操作流程。

（3）熟悉滑油勤务的工作规范。

二、工作方法

（1）查阅手册后回答引导问题，可以使用的材料有手册、网络资源等。

（2）以小组讨论的形式完成工作计划。

（3）按照工作计划，完成维修工作单卡的填写和滑油勤务的任务，对于计划中未考虑的问题，请先尽量自行解决，如果无法解决再与培训教师进行讨论。

（4）与教师讨论，进行工作总结。

三、工作内容

（1）分析打印维修工作单卡，拟订测量计划。

（2）工具、耗材的选择。

（3）滑油勤务。

（4）工具、设备、现场"6S"管理。

（5）滑油勤务后的检查。

四、知识储备

（1）滑油勤务工具的借用。

（2）滑油添加的窗口时间。

（3）滑油消耗率的控制。

（4）滑油量的检查标准。

（5）完工质量检验的标准。

五、注意事项与工作提示

（1）按压并保持 IDG 放气活门至少 15s，通过观察窗检查滑油量。

（2）拆下堵头上的 O 形封圈，并剪断报废，防止旧件重新使用。

（3）排放滑油时注意检查滑油量，防止放油过量。

（4）滑油勤务后，清洁加油口的油迹，盖好滑油箱口盖。

六、劳动安全

（1）IDG 加油时按要求放气。

（2）合成滑油具有一定的毒性，皮肤接触滑油后应及时冲洗。

（3）不按压放气活门进行放气会导致高温滑油喷溅，烫伤人员。

七、环境保护

（1）参照飞机维护手册相应章节的内容。

（2）飞机应停位置的规定。

（3）地面油液残留的处理。

工作过程

一、任务咨询

（一）学习任务

1.查阅相关资料，说明滑油消耗率的计算公式。

2.查阅相关资料，描述进行滑油勤务"窗口时间"的含义。

（二）查询任务

1.添加滑油的时机是（　　　）。

A.在发动机关车后 5~30min 内完成　　　　　　B.短停

C.航前　　　　　　　　　　　　　　　　　　D.定期检查时

2.查阅手册，波音 737NG 发动机滑油箱容量、APU 滑油箱、IDG 滑油量分别是多少？

3.滑油量的检查标准有哪些？

4.拆除 IDG 壳体 _____，排放滑油；拆下 O 形封圈，并_____。

二、任务计划

（一）查询工作

查询手册，制定本任务工序卡，在表 2-7-1 中表述你的工序。

表 2-7-1　滑油勤务的工序卡

序号	区域	工作步骤	工具/设备	时间

表 2-7-1（续）

序号	区域	工作步骤	工具 / 设备	时间
签字		校对		审核
日期				

（二）记录工作

完成该项目需要的设备、工具记录表 2-7-2。

表 2-7-2　滑油勤务需要的设备、工具清单

序号	名称	型号	数量	用途	备注
1					
2					
3					
4					
5					
6					
7					
8					
9					

（三）判断

进行 IDG 滑油勤务时，是否需要检查加油设备中油液的状态？（　　　　）

理由：_____

_____

三、任务决策

（一）学习任务

实训前，进行关键技术方面的检查、决策，按表 2-7-3 要点执行。

表 2-7-3　决策要素

序号	决策点	请决策	
1	工序是否完整、科学	是○	否○
2	加油时机是否规范	是○	否○
3	压力加油工具是否满足	是○	否○

表 2-7-3（续）

序号	决策点	请决策	
4	滑油牌号是否满足	是○	否○
5	滑油箱的油量是否符合规定	是○	否○
6	滑油勤务过程资料是否准备	是○	否○
7	完工检查是否规范	是○	否○
8	劳动保护是否达到要求	是○	否○
9	是否征求了教师的意见	是○	否○

（二）对比任务

与教师制订的工作方案对比，进行决策分析。

四、任务实施

（一）学习任务

为了工作的精益化，填写学习过程记录表 2-7-4，方便日后总结。

表 2-7-4　滑油勤务过程记录

事项	属于精益调整	属于正常操作	用时 /min
工具准备		完成规范操作且符合要求	5
符合滑油添加的时间窗口			
检查滑油牌号			
检查滑油量			
添加滑油			
排放滑油			
盖好油箱口盖			
清理残油			

（二）实训任务

1. 添加滑油过程中，压力加油设备的工作压力不能超过（　　）kPa。

A. 150 　　　　　　　B. 276 　　　　　　　C. 306 　　　　　　　D. 416

2. 为了完成添加滑油的工作，请熟悉压力加油设备的使用方法。

3. 记录你观察到滑油箱的实际滑油量。

（三）巩固任务

查阅手册，针对波音 737NG 飞机，航前、短停和航后检查发动机滑油量的最低限度是多少？

五、任务检查

（一）检查工作

进行完工检查，检查结果记录在之前制定的质量检查记录表中，对不符合要求的质量缺陷，完成表 2-7-5，并分析原因，制定措施。

表 2-7-5 质量分析记录表

滑油勤务			时间	
序号	质量要求	实际状况	差错分析	整改措施
1	压力加油设备的压力			
2	实际滑油量的检查			
3	加油口油迹的处理			
4	地面残油的处理			
5	完工后盖好滑油箱口盖			

（二）学习任务

检查自己的工作计划，完善表 2-7-6，判断完成的情况。

表 2-7-6 计划完成情况检查表

检查项目	检查结果			完善点	其他
工时执行					
"6S" 执行					
质量成果					
学习投入					
获取知识					
技能水平					
安全、环保					
设备使用					
突发事件					

六、任务评价

（一）技能评价

"滑油勤务"由评价人设定滑油勤务的操作流程，依据结果评定等级（1~10 级），完善表 2-7-7。

表 2-7-7 技能等级评定表

类型	评价因子	学生自查		教师评价		
		是	否	是	否	评分等级
综合能力测评（组内互评）	按时到课					
	工装整齐					
	书、笔齐					
	主动探索					
	服从分配					
	自觉学习					
	团结互助					
	小组合作					
	A					
专业能力测评（组间互评）	资料准备					
	工具借用					
	操作规范					
	步骤齐全					
	完工检验					
	安全警示					
	任务时限					
	作业完成					
	B					

（二）工作页评价

完善工作页评价表 2-7-8。

表 2-7-8　工作页评价表

序号	内容	过程评价			权重	合计
		总分	被复查的任务数	百分制成绩		
1	咨询				0.2	
2	计划				0.2	
3	决策				0.05	
4	实施				0.4	
5	检查				0.15	
工作页成绩 = （工作页评分每项最高 100 分）						C

（三）项目总成绩

完成成绩汇总表 2-7-9。

表 2-7-9　项目总成绩计算表

序号	项目工作的内容	成绩转填	权重	中间成绩
1	技能评价	（A+B）/2	0.7	
2	工作页评价	C	0.3	

序号	评价	分数段 / 分		
			总分：	D
1	非常好	91~100		
2	好	81~90		
3	满意	71~80	评价：	
4	足够	60~70		
5	有缺陷	30~59		
6	未掌握	0~29		

总结与提高

一、汇总分析

（1）通过本次学习，我学到的知识点 / 技能点有：_____

_____

不理解的有：_____

_____

（2）我认为在以下方面还需要深入学习并提升岗位能力，并将自己的评价分数（百分制）标在下图中。

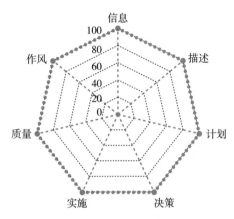

二、他山之石

小组成员评语：＿＿＿＿＿＿＿＿＿＿＿＿＿＿＿＿＿＿＿＿＿＿＿＿＿＿＿＿＿＿＿＿＿＿＿

＿＿＿

＿＿＿

教师评语：＿＿＿＿＿＿＿＿＿＿＿＿＿＿＿＿＿＿＿＿＿＿＿＿＿＿＿＿＿＿＿＿＿＿＿＿＿

＿＿＿

＿＿＿

液压油箱勤务

项目八　液压油箱勤务

班级：_____　　姓名：_____　　学号：_____　　日期：_____　　测评等级：_____

有关说明：

本项目的实施方案依据《航空器维修基础知识和实作培训规范》编写，适用于指导学生完成学习任务；同时，可作为抽查学习成果和检查学习过程的参考资料。

📝 工作描述

工作任务	液压油箱勤务	教学模式	任务驱动和行动导向
建议学时	2 学时	教学地点	一体化教室
任务描述	液压系统维护或更换液压系统时，需要检查相应液压油箱的油量，视需给液压油箱加油。依据飞机维护手册的要求，进行液压油箱勤务、添加液压油或放油等操作，并做好液压油添加记录的填写，保证飞机液压油量符合飞行安全。 航空液压油是航空器液压系统所使用的主要液压介质之一，主要功能是传递能量、润滑和冷却等。液压系统是飞机的重要系统之一，需要检查液压油量。按照工卡的标准进行液压油箱勤务工作以保证液压油箱的油量符合要求。液压油箱加油通常有两种方式：人工加油和压力加油。开展液压油箱勤务之前，必须对液压油箱勤务的工作流程有基本认知，这样在实践工作中才能关注到每个细节，提高飞机维护质量。本项目的知识点包含液压油箱勤务的准备事项、操作步骤和收尾工作等，掌握本项目的内容可为顺利开展飞机勤务工作奠定理论基础		
学习目标	知识目标	1. 描述液压油箱勤务的时机。 2. 描述液压油量的检查标准。 3. 掌握加液压油前的飞机状态准备。 4. 描述使用手摇泵、压力加油设备添加液压油的工作步骤。 5. 描述排放液压油的工作步骤。 6. 根据飞机维护手册查阅指定液压油的牌号。 7. 熟悉压力加油设备的工作压力规定。 8. 描述液压油箱勤务时安全操作规程和个人防护。 9. 描述液压油箱勤务后的检查事项	
	能力目标	1. 能按手册要求把握液压油箱勤务的时机。 2. 能根据手册的要求检查液压油量的添加标准。 3. 能熟练使用手摇泵、压力加油设备添加液压油。	

（续）

学习目标	能力目标	4.能根据手册要求完成加液压油前飞机的准备工作。 5.能熟悉油箱观察窗、座舱液压油量表的油量标志。 6.能描述液压油加油过量的危害。 7.能做好液压油箱勤务时的个人防护。 8.能做好工作现场的"6S"管理以及持续改善。 9.能按计划实施操作	
	素质目标	1.具有爱岗敬业、诚实守信、遵章守纪的良好职业道德。 2.具备严谨规范、精益求精、吃苦耐劳的优良品质。 3.具备团队协作、人际沟通良好的社会交往能力。 4.具备从事本专业工作的安全防护、安全文明生产和环境保护等意识。 5.具备"航空报国、追求卓越"的职业素养	
学习准备	维修工作单	AMM 12-12-00-610-801	
	工具设备	耐油手套、护目镜、口罩、液压油压力加油设备、放油软管、耐油容器、 接油设备、抹布、手电（按需）、液压油	
	人员分组	小组人员岗位由组长分配	
	工作岗位	时段一	时段二
	班组长		
	操作人员		
	辅助人员		
	安全监督		
	质量检验		
	"6S"管理		
重、难点	重点	液压油量的检查标准	
	难点	使用手摇泵加油的过程	

知识链接

一、接受维修任务

（1）领取或打印维修工作单卡：AMM 12-12-00-610-801，如图 2-8-1 所示。

（2）领用工具、设备、器材：

a.耐油手套、护目镜、口罩、液压油压力加油设备、放油软管、耐油容器、

BOEING
737-600/700/800/900
AIRCRAFT MAINTENANCE MANUAL
HYDRAULIC RESERVOIR - SERVICING

1. **General**
   A. This procedure contains this task:
      (1) Hydraulic reservoir servicing.
   TASK 12-12-00-610-801

2. **Hydraulic Reservoir Servicing**
   (Figure 301)
   A. General
      (1) The equipment that is necessary to fill the hydraulic fluid is on the forward bulkhead of the right wheel well. The equipment includes a reservoir manual fill pump, a pressure fill connection, a reservoir fill filter module for the hydraulic fluid, and a reservoir fill selector valve.

图 2-8-1　维修手册示意图

接油设备、抹布、手电（按需）；

  b. 液压油（见图 2-8-2）。

（3）加油准备

  a. 给液压系统增压。

  b. 确保襟翼、缝翼收上，扰流板、起落架放下，各飞行操纵面于中立位置，反推收回，停留刹车松开等。

  c. 检查液压油箱油表，确保油表内无液压油。

  d. 关闭所有液压泵。

  e. 若给 B 系统油箱加油，确保刹车储压器的压力不低于 2800psi。

图 2-8-2　磷酸酯基液压油

  f. 旋转加油选择活门至对应系统位置。

  警告：液压油箱加油量应正确，如果加油过多，会导致油液进入引气管路和空调组件，并使烟雾进入驾驶舱和客舱。液压油污染会使钛管路受损，烟雾会导致人员受伤。

  警告：液压油 BMS3-11 对人有害，如果皮肤上沾有液压油，用清水冲洗；如果液压油进入眼睛，用清水冲洗眼睛和及时就医；如果口服液压油，及时就医。

  警告：使用干净的液压油和加油设备，防止液压系统受损。

二、机载手摇泵加油

（1）取出加油软管，清洁加油管口，插入液压油桶，确保油液完全覆盖管口。

（2）操作手摇泵手柄，给液压油箱加油至标准油量，确保液压油箱表指针更接近满位"F"，大约在加油位"RFL"和满位"F"之间的 2/3 处，检查驾驶舱液压油量指示要多于 76%。

（3）加油结束后，清洁加油管口，并归位，复位手摇泵手柄和加油选择阀门（见图 2-8-3）。

图 2-8-3　机载手摇泵和加油选择阀门

三、压力加油

（1）取下压力加油口防尘盖，清洁加油口，连接地面压力加油设备。

（2）操作压力加油设备手柄，给液压油箱加油至标准油量，确保液压油箱表指针更接近满位"F"，大约在加油位"RFL"和满位"F"之间的 2/3 处，检查驾驶舱液压油量指示要多于 76%。

警告：加油压力不应超过 517kPa（75lbf/in^2）。

（3）加油结束后，脱开压力加油设备，复位加油选择阀门，清洁工作区域，安装加油口（见图 2-8-4）防尘盖。

图 2-8-4　压力加油口

四、放油操作

（1）给相应的液压油箱释压。

（2）将放油软管连接到液压油箱的排放阀门上，软管另一端插入耐油容器中。

（3）拆除油箱上排放阀门的保险，打开排放阀门（见图 2-8-5），使液压油流入耐油容器中。

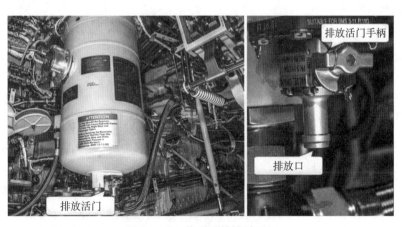

图 2-8-5　液压油箱排放活门

（4）如果因油量过多而放油，需在放油过程中监控油量。

（5）放油结束后，关闭油箱排放阀门。

（6）脱开放油软管，在排放阀门手柄上打保险。

（7）给液压油箱增压。

五、收尾

（1）清点工具。

（2）恢复工作现场。

（3）恢复飞机状态。

（4）确保维修工作单卡、飞行记录本等维修记录已完成签署。

（5）归还工具设备。

（6）未使用液压油回仓，废油回收到指定区域。

（7）将维修工作单卡等维修记录反馈给相关部门。

六、液压油箱勤务的工作规范

（1）按照维修手册规定，选择指定的液压油。

（2）确保系统构型设置正确。例如，起落架放下，操纵舵面处于中立位置等。

（3）工作前，维修人员需做好个人安全防护措施。例如，磷酸酯基液压油有较强毒性，对人体皮肤、眼睛和呼吸道黏膜有较强的刺激性，应佩戴护目镜和口罩。

（4）加油前，确保加油口清洁。

（5）加油后，按需对液压系统进行排气。

（6）在加／放油过程中，应监控油量，防止过量。

（7）工作结束后，确保施工区域清洁。

（8）压力加油设备的工作压力不应超过维修手册要求。

🔍 任务提示

一、引导文

（1）了解液压油箱勤务的准备事项。

（2）掌握液压油箱勤务的操作流程。

（3）熟悉液压油箱勤务的工作规范。

二、工作方法

（1）查阅手册后回答引导问题，可以使用的材料有手册、网络资源等。

（2）以小组讨论的形式完成工作计划。

（3）按照工作计划，完成维修工作单卡的填写和液压油箱勤务的任务，对于计划中未考虑的问题，请先尽量自行解决，如果无法解决再与培训教师进行讨论。

（4）与教师讨论，进行工作总结。

三、工作内容

（1）分析打印维修工作单卡，拟订测量计划。

（2）工具、耗材的选择。

（3）液压油箱勤务。

（4）工具、设备、现场"6S"管理。

（5）液压油箱勤务后的检查。

四、知识储备

（1）液压油箱勤务工具的借用。

（2）液压油箱加油过量的危害。

（3）添加液压油的步骤。

（4）液压油量的检查标准。

（5）完工质量检验的标准。

五、注意事项与工作提示

（1）检查液压油箱油表，确保油表内无液压油。

（2）确保襟翼、缝翼收上，扰流板、起落架放下，各飞行操纵面于中立位置，反推收回，停留刹车松开等。

（3）给液压系统增压。

（4）关闭所有液压泵。

（5）若给 B 系统油箱加油，确保刹车储压器的压力不低于 2800psi。

六、劳动安全

（1）液压油污染会使钛管路受损，烟雾会导致人员受伤。

（2）液压油对人有害，如果皮肤上沾有液压油，用清水冲洗。

（3）磷酸酯基液压油有较强毒性，对人体皮肤、眼睛和呼吸道黏膜有较强的刺激性，应佩戴护目镜和口罩。

七、环境保护

（1）参照飞机维护手册相应章节的内容。

（2）飞机应停位置的规定。

（3）地面油液残留的处理。

⚙ 工作过程

一、任务咨询

（一）学习任务

1.查阅相关资料，说明添加液压油前，飞机的构型设置。

2.查阅相关资料，描述进行液压油勤务时，维修人员需做好哪些个人安全防护措施？

_____

_____

_____

（二）查询任务

1.波音 737NG 飞机，若给 B 系统油箱加油，确保刹车储压器的压力不低于（　　　　）psi。

A. 1600　　　　　　　B. 2400　　　　　　　C. 2800　　　　　　　D. 3200

2.查阅手册，波音 737NG 飞机的 AB 系统和备份系统液压油箱容量分别是多少升？

_____

_____

_____

3.压力加油设备的加油压力如何规定？

_____

_____

_____

4.给液压油箱加油至标准油量，确保液压油箱表指针更接近 _____ ，大约在加油位"RFL"和满位"F"之间的 _____ 处，检查驾驶舱液压油量指示要多于 _____ 。

二、任务计划

（一）查询工作

查询手册，制定本任务工序卡，在表 2-8-1 中表述你的工序。

表 2-8-1　液压油箱勤务的工序卡

序号	区域	工作步骤	工具/设备	时间

表 2-8-1（续）

序号	区域	工作步骤	工具 / 设备	时间
签字		校对	审核	
日期				

（二）记录工作

完成该项目需要的设备、工具记录表 2-8-2。

表 2-8-2　液压油箱勤务需要的设备、工具清单

序号	名称	型号	数量	用途	备注
1					
2					
3					
4					
5					
6					
7					
8					
9					

（三）判断

给液压油箱加油至标准油量，大约在加油位"RFL"和满位"F"之间的 3/4 处。
（　　）

理由：_____

_____

三、任务决策

（一）学习任务

实训前，进行关键技术方面的检查、决策，按表 2-8-3 要点执行。

表 2-8-3　决策要素

序号	决策点	请决策	
1	工序是否完整、科学	是○	否○
2	加油时机是否规范	是○	否○
3	压力加油工具是否满足	是○	否○

表 2-8-3（续）

序号	决策点	请决策	
4	液压油牌号是否满足	是○	否○
5	液压油箱的油量是否符合规定	是○	否○
6	液压油箱勤务过程资料是否准备	是○	否○
7	完工检查是否规范	是○	否○
8	劳动保护是否达到要求	是○	否○
9	是否征求了教师的意见	是○	否○

（二）对比任务

与教师制订的工作方案对比，进行决策分析。

四、任务实施

（一）学习任务

为了工作的精益化，填写学习过程记录表 2-8-4，方便日后总结。

表 2-8-4 液压油箱勤务过程记录

事项	属于精益调整	属于正常操作	用时 /min
工具准备		完成规范操作且符合要求	5
检查飞机的构型			
检查液压油牌号			
检查液压油量			
添加液压油			
排放液压油			
加油后对液压油系统放气			
清理残油			

（二）实训任务

1. 添加液压油过程中，压力加油设备的工作压力不能超过（　　）kPa。

A. 150　　　　　　　B. 276　　　　　　　C. 306　　　　　　　D. 517

2. 记录使用手摇泵加油的步骤。

3.记录你观察到液压油箱的实际液压油量。

（三）巩固任务

查阅手册，针对波音737NG飞机，放液压油的工作流程是什么？

五、任务检查

（一）检查工作

进行完工检查，检查结果列在之前制定的质量检查记录表中，对不符合要求的质量缺陷，完成表2-8-5并分析原因，制定措施。

表2-8-5 质量分析记录表

液压油箱勤务			时间	
序号	质量要求	实际状况	差错分析	整改措施
1	压力加油设备的压力			
2	实际液压油量的检查			
3	加油前油箱是否释压			
4	地面残油的处理			
5	放油后放泄活门打保险			

（二）学习任务

检查自己的工作计划，完善表 2-8-6，判断完成的情况。

表 2-8-6　计划完成情况检查表

检查项目	检查结果		完善点	其他
工时执行				
"6S" 执行				
质量成果				
学习投入				
获取知识				
技能水平				
安全、环保				
设备使用				
突发事件				

六、任务评价

（一）技能评价

"液压油箱勤务"由评价人设定液压油箱勤务的操作流程，依据结果评定等级（1~10 级），完善表 2-8-7。

表 2-8-7　技能等级评定表

类型	评价因子	学生自查		教师评价		
		是	否	是	否	评分等级
综合能力测评（组内互评）	按时到课					
	工装整齐					
	书、笔齐					
	主动探索					
	服从分配					
	自觉学习					
	团结互助					
	小组合作					
	A					
专业能力测评（组间互评）	资料准备					
	工具借用					
	操作规范					
	步骤齐全					
	完工检验					
	安全警示					

表 2-8-7（续）

类型	评价因子	学生自查		教师评价		
		是	否	是	否	评分等级
专业能力测评（组间互评）	任务时限					
	作业完成					
	B					

（二）工作页评价

完善工作页评价表 2-8-8。

表 2-8-8　工作页评价表

序号	内容	过程评价			权重	合计
		总分	被复查的任务数	百分制成绩		
1	咨询				0.2	
2	计划				0.2	
3	决策				0.05	
4	实施				0.4	
5	检查				0.15	
工作页成绩 =（工作页评分每项最高 100 分）						C

（三）项目总成绩

完成成绩汇总表 2-8-9。

表 2-8-9　项目总成绩计算表

序号	项目工作的内容	成绩转填		权重	中间成绩
1	技能评价	（A+B）/2		0.7	
2	工作页评价	C		0.3	

序号	评价	分数段 / 分
1	非常好	91~100
2	好	81~90
3	满意	71~80
4	足够	60~70
5	有缺陷	30~59
6	未掌握	0~29

总分：

评价：

D

总结与提高

一、汇总分析

（1）通过本次学习，我学到的知识点/技能点有：＿＿＿＿＿＿＿＿＿＿＿＿＿＿＿＿

＿＿＿＿＿＿＿＿＿＿＿＿＿＿＿＿＿＿＿＿＿＿＿＿＿＿＿＿＿＿＿＿＿＿＿＿＿＿＿

＿＿＿＿＿＿＿＿＿＿＿＿＿＿＿＿＿＿＿＿＿＿＿＿＿＿＿＿＿＿＿＿＿＿＿＿＿＿＿

不理解的有：＿＿＿＿＿＿＿＿＿＿＿＿＿＿＿＿＿＿＿＿＿＿＿＿＿＿＿＿＿＿＿＿

＿＿＿＿＿＿＿＿＿＿＿＿＿＿＿＿＿＿＿＿＿＿＿＿＿＿＿＿＿＿＿＿＿＿＿＿＿＿＿

＿＿＿＿＿＿＿＿＿＿＿＿＿＿＿＿＿＿＿＿＿＿＿＿＿＿＿＿＿＿＿＿＿＿＿＿＿＿＿

（2）我认为在以下方面还需要深入学习并提升岗位能力，并将自己的评价分数（百分制）标在下图中。

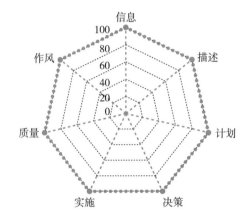

二、他山之石

小组成员评语：＿＿＿＿＿＿＿＿＿＿＿＿＿＿＿＿＿＿＿＿＿＿＿＿＿＿＿＿＿＿

＿＿＿＿＿＿＿＿＿＿＿＿＿＿＿＿＿＿＿＿＿＿＿＿＿＿＿＿＿＿＿＿＿＿＿＿＿＿＿

＿＿＿＿＿＿＿＿＿＿＿＿＿＿＿＿＿＿＿＿＿＿＿＿＿＿＿＿＿＿＿＿＿＿＿＿＿＿＿

教师评语：＿＿＿＿＿＿＿＿＿＿＿＿＿＿＿＿＿＿＿＿＿＿＿＿＿＿＿＿＿＿＿＿＿

＿＿＿＿＿＿＿＿＿＿＿＿＿＿＿＿＿＿＿＿＿＿＿＿＿＿＿＿＿＿＿＿＿＿＿＿＿＿＿

＿＿＿＿＿＿＿＿＿＿＿＿＿＿＿＿＿＿＿＿＿＿＿＿＿＿＿＿＿＿＿＿＿＿＿＿＿＿＿

思考与练习

一、填空题

1.移动航空器前确保耳机、对讲机工作正常。机上人员、地面指挥员和牵引车司机三者＿＿＿＿＿＿＿＿＿＿。

2.轮挡摆放数量：正常情况下，飞机航后和过站，前起落架同一机轮＿＿＿＿＿＿必须放置轮挡。

3.风速＿＿＿＿＿＿＿＿当地机场风速要求时不需要摆放警示锥，已经摆放的警示锥需要撤走，风速 _____ 要求风速值后重新摆放。

4.航空器停放期间，应放置 _____ 和轮挡。

5.滑油常用加注方式为 _____ 和 _____ 。

6.滑油勤务检查时，按压并保持 IDG 放气活门至少 _____ s，通过观察窗检查滑油量，按需使用抹布清洁观察窗。

7.把接油桶摆放在放油活门下方，_____ 末端插入油桶中，_____ 的顶部对准放油活门的 _____ 。

8.定期对燃油箱放沉淀，可以防止燃油箱内 _____ 、_____ 和生长的微生物。

9.常见的轮胎维护工作包括 _____ 、_____ 和检查。

二、选择题

1.移动航空器前需要（　　　）。

A.确保航空器刹车压力、机轮充气和缓冲支柱压缩量正常

B.确保停机位周围区域无 FOD，地面设备已撤离

C.确保航空器两侧燃油箱的油量平衡

D.给航空器供电

2.入港接机的停机位和滑行区域（　　　）。

A.人员、车辆及设备处于机位安全线外

B.夜间运行时，照明设备正常

C.地面标志清晰可见，灭火瓶到位

D.清洁、无杂物

3.使用轮挡的注意事项有（　　　）。

A.轮挡的数量和位置符合维修手册要求

B.确保轮挡完好可用

C.确保航空器停稳

D.从机轮的侧面放置轮挡，且靠近轮胎

4.航空器系留的工作流程正确的有（　　　）。

A.确保所有的窗户、洗手间门、外部门、接近盖板关闭并锁好

B.确保相应的堵盖和堵头紧固在位

C.确认飞机周围没有强风条件下可能移动，造成飞机损伤的设备

D.确保襟翼在放下位，以减少机翼升力

5.发动机滑油加注的窗口时机是（　　　）。

A.发动机停车后 2h

B.发动机停车后 15min

C.发动机停车后 15min 到 2h 之间

D.发动机停车后

6.下列属于飞机滑油勤务工作范围的是（　　　）。

A. 加油前检查时应注意观察滑油的水平油量、黏度、色泽、气味等因素，发现有异常现象应立即检查，判断并排除

B. 滑油勤务后注意各盖的复位，结束工作前或航前要进行重复检查

C. 定期检查 IDG / CSD 滑油勤务车，添加滑油

D. 严格依照工卡要求，综合目视检查窗所示油量水平和驾驶舱仪表指示油量两者的数据，若低于规定数值则进行添加

7. 液压油 BMS3–11 对人有害，如果皮肤上沾有液压油，操作正确的是（　　　）。

A. 用干抹布直接擦掉

B. 用清水冲洗

C. 直接无视

D. 以上都不正确

8. 燃油沉淀物指的是（　　　）。

A. 水　　　　　　　　B. 冰晶　　　　　　　　C. 微生物　　　　　　　　D. 其他杂质

9. 飞机轮胎的中心部分过度磨损，是表示（　　　）。

A. 轮胎充气压力过小

B. 轮胎外向偏斜过多

C. 在着陆滑跑和滑行时刹车过度

D. 轮胎充气压力过大

三、问答题

1. 航空器入位前，机务人员需要做哪些准备工作？

2. 撤出轮挡的操作流程有哪些？

3. 起落架安全销使用的注意事项有哪些？

4. 轮胎气压测量的工作规范有哪些？

5. 航空器牵引时，地面指挥人员应掌握什么理论知识？

6. 为什么要定期放燃油沉淀？

7. 加滑油为什么必须在窗口时间操作？

模块三 绕机检查

模块解析

　　绕机检查是航空器维修中最常执行的工作之一，是保障飞行安全的第一步，也是飞机起飞前的最后一道防线，它关乎着机上所有人的生命。为提高检查效率、保证检查不漏项，各维修单位通常会根据航空器型号制定绕机检查路线。绕机检查工作的质量将直接影响飞机飞行的安全。本模块知识点包含飞机各区域的检查标准等基本内容。机务人员只有掌握绕机检查工作的理论基础，才能减少故障的发生率和飞机的运营成本，确保飞行安全。

项目一 航线检查

绕机检查

班级:_____　姓名:_____　学号:_____　日期:_____　测评等级:_____

　　有关说明:

　　本项目的实施方案依据《航空器维修基础知识和实作培训规范》编写，适用于指导学生完成学习任务；同时，可作为抽查学习成果和检查学习过程的参考资料。

工作描述

工作任务	航线检查	教学模式	任务驱动和行动导向
建议学时	2学时	教学地点	一体化教室
任务描述	航空技术发展再快，技术再先进，系统的线路故障都不能避免；为保障飞行，在开展航线检查工作之前，必须对航线检查的定义和分类有基本认知，这样在实践工作中才能关注到每个细节，提高飞机维护质量。本项目的知识点包含检查的分类和航线检查的基础介绍等，掌握本项目的内容可为确保飞行安全奠定理论基础。 		

（续）

学习目标	知识目标	1. 掌握飞机绕机检查的定义。 2. 掌握飞机绕机检查的分类。 3. 掌握飞机绕机检查的注意事项。 4. 掌握航线检查工作流程。 5. 熟悉绕机检查的路线。 6. 描述工作区域的环境控制。 7. 掌握维护工具、设备使用的安全规定	
	能力目标	1. 能描述飞机绕机检查的定义。 2. 能掌握飞机绕机检查的分类。 3. 能掌握飞机绕机检查的注意事项。 4. 能熟悉绕机检查的路线。 5. 能对工作区域的环境进行控制。 6. 能做好工作现场的"6S"管理以及持续改善。 7. 能按计划实施操作	
	素质目标	1. 具有爱岗敬业、诚实守信、遵章守纪的良好职业道德。 2. 具备严谨规范、精益求精、吃苦耐劳的优良品质。 3. 具备团队协作、人际沟通良好的社会交往能力。 4. 具备从事本专业工作的安全防护、安全文明生产和环境保护等意识。 5. 具备"航空报国、追求卓越"的职业素养	
学习准备	维修工作单		
	工具设备	手套、抹布、手电	
	人员分组	小组人员岗位由组长分配	
	工作岗位	时段一	时段二
	班组长		
	操作人员		
	辅助人员		
	安全监督		
	质量检验		
	"6S"管理		
重、难点	重点	航线绕机检查分类	重点？ 难点？
	难点	绕机检查实施流程	

知识链接

一、检查的分类

检查（inspection/check）是航空器维修工作中，用来确定部件、组件、系统或某项功能是否工作正常的一种手段。典型的检查项目包括：螺钉、保险丝、开口销、锁销等紧固件是否符合要求；管路、导线、接头/插头是否松动、渗漏、腐蚀；轴承运转正常，机件无错位，润滑良好，间隙符合要求，无明显损伤、裂纹、脱层、磨损、腐蚀、过热、擦伤、老化，防腐涂层无脱落的现象，表面光洁和整个外表清洁等。有些检查要求中还包括磨损标准、相应的评估程序和处理方法。随着航空维修理念的发展，区域检查也被应用到航空器维修工作中。

（一）检查（inspection）

检查分为一般目视检查、详细目视检查、特别详细目视检查三种。

1. 一般目视检查

对航空器内部或外部区域、组件的装配或部件的安装情况进行目视检查，以确认是否存在明显的损伤、失效或缺陷。如果没有额外的说明，执行该级别检查时不应超过一臂距离。为了确保能够检查到待检区域的所有表面，检查时可能需要使用反光镜。执行该级别检查时应确保照明正常，可用光源包括日光、机库灯光、手电筒、吊灯等。检查时可能需要拆除或打开盖板或门。为了接近待检区域，可能需要使用工作台架或工作梯。

2. 详细目视检查

对某一具体结构区域、系统、组件的装配或部件的安装情况进行详细目视检查，以确认是否存在明显的损伤、失效或缺陷。除正常照明外，通常还需要额外提供检查人员认为强度合适的直射光源。检查时可能需要使用反光镜、放大镜等辅助设备。检查前可能需要执行表面清洁和复杂的接近工作。

3. 特别详细目视检查

对一个或多个具体组件的装配或部件的安装情况进行详细检查，以确认是否存在明显的损伤、失效或缺陷。检查时可能需要使用广泛的各类专业检查方法和 / 或设备。检查前可能需要执行复杂的清洁工作、大量的接近或拆解工作。

（二）检查（check）

检查分为目视检查、操作检查和功能检查三种。

1. 目视检查（visual check，VCK）

通过观察确定待检查项目是否能够实现其目标功能。目的是发现失效状态，检查过程中不需要比对具体数值。

2. 操作检查（operational check，OPC）

确定待检查项目是否能够实现其目标功能。目的是发现失效状态，通过操作系统或部件本身完成检查，过程中不需要比对具体数值，也不需要额外设备。

3. 功能检查（functional check，FNC）

确定待检查项目是否能够在规定值的范围内实现其各项功能。目的是发现潜在失效状态，检查过程中可能需要额外设备。

（三）区域检查（zonal inspection）

区域检查是指为了检查航空器系统 / 动力装置和结构的一般状态和安装情况，通过指定的口盖和位置，对航空器相应区域进行的一般目视检查。

区域检查包括三个方面：针对整个航空器区域进行的一般目视检查；针对导线束和易燃物进行的增强区域检查；针对低/高能量辐射保护设备的完整性进行的检查。

区域检查属于一般目视检查。根据需要，对该区域内可接近的各系统和结构件的一般状态进行外观检查。这包括检查有无性能降低迹象，例如：导管磨损、管道支架松动、电气线路互联系统（EWIS）损伤、钢索及滑轮磨损、漏油、搭接线损坏、排放系统不畅通、紧固件异常、复合材料漆层损坏以及腐蚀。

检查区域的范围，由该区域包含的检查项目的接近方式决定。如果接近某些检查项目时需要拆卸或打开某些整流罩、盖板或其他部件，则对应区域的项目也一并检查；区域内过多的灰尘、碎屑或过厚的防腐剂会降低航空器的防火性能，应在检查时进行清洁。

二、航线检查概述

（一）航线检查工作单卡

航线检查工作单卡一般由航空营运人负责制定，主要依据为航空器制造厂家的客户化工卡手册、维修计划（MPD）、维修方案、维护手册、适航指令、服务通告、服务信函等。营运人制定的工作单卡内容有差异。

CCAR-145 部所述的"工作单卡"和"维修工作实施依据文件"并不是指具体文件的名称，而是指技术文件的类别。工作单卡是设定并记录工作顺序和步骤的文件，它不必列出维修工作实施方法和标准，在实际使用中可以称为工作单、工作卡、工作指令、数据记录单等或其组合的工作包；维修工作实施依据文件是指载明某一具体维修工作实施方法和标准的技术文件，维修单位可视具体情况根据适航性资料自己制定或直接使用有关适航性资料中已核准其适用性的内容，在实际使用中，维修单位自己制定的文件可以称为施工指南、施工说明、工艺等。

（二）航后维修

航后维修（after-flight，AF），指航空器飞行任务结束后，所进行的例行检查、勤务和排除故障的工作。

一般来说，航后维修工作包括：航空器入港接机、缓冲支柱镜面清洁、发动机滑油补充、执行航后检查工作单、航空器交接等。

航后检查工作单主要内容为对各区域、系统的检查和测试，期间可能需要执行开关舱门和勤务盖板，安装发动机蒙布、起落架安全销、皮托管套，接通电源、燃油、引气、空调、液压系统等辅助工作。

（三）航线维修的实施举例

航线维修（line maintenance）工作一般为倒班制，以下为 24h 的倒班情况举例。

【白班主要工作】

白班人员 8：45 进场。

到达外场后首先安排人员将航前人员替回，将飞机送走。

9：20 召开白班人员班前会。

班前会内容为近期要求传达、故障交接、工作安排。

等班前会结束后，安排部分人员去给轮胎充气及更换气瓶，以供白天过站换轮使用。

安排部分人员将未回仓物品回仓，同时从航材库领取夜班使用的滑油、刹车等到航线。

根据航班任务，安排人员保障白天的飞机接送、检查、放行等。

维修人员根据工作安排，及时关注航班时刻，领取或打印相应机型的维修工作单卡来领用工具设备、器材。

提前 15min 到达机位，完成接机前准备工作，勤务人员与维修人员配合完成入港接机工作。

向机组人员了解飞机技术状况，并查看飞行记录本。如果飞机有故障等问题及时处理。

完成过站检查工作，确认飞机完成放行，已签署维修记录。

维修人员完成出港送机工作。

工作完成后，归还工具设备、器材，反馈工作单卡等维修记录。

19：25 夜班人员进场，与白班人员工作交接。

19：30 以后的过站交给夜班人员完成，并将白班人员替回。白班产生的非例行、新增的安全提醒等待办事项交接给夜班。

白班人员离场后，召开夜班人员班前会。

班前会内容为近期要求传达、故障交接、工作安排等班前会结束后。

安排部分人员准备夜班维修例行工作所需的航材和耗材等。

根据航班任务，安排人员保障航后的飞机接机、检查、指令、排故、放行等工作。

【夜班主要工作】

维修人员根据工作安排，及时关注航班到达时刻。

领取或打印维修工作单卡（包括航后工卡、指令、排故任务单等），并进行熟悉和准备领用工具设备、器材。

提前 15min 到达机位，完成接机前准备工作，勤务人员与维修人员配合完成入港接机工作。

向机组人员了解飞机技术状况，并查看飞行记录本。如果飞机有故障等问题及时处理。

完成航后检查、工程指令等例行维护工作，并处理故障和其他缺陷，工作完成后，确认飞机完成放行，签署维修记录飞机贴封条后，进行航空器地面安保交接，将飞机交接完成后，归还工具设备、器材，反馈工作单卡等维修记录。

夜班主要工作基本结束后，安排航前工作任务航前主要工作。

检查航空器及封条是否完好，进行航空器地面安保交接，将飞机接回量气压、轮胎充气、擦起落架缓冲支柱镜面、放燃油沉淀，维修人员根据工作安排，及时关注航班离港的情况，及时领取维修工作单卡领用工具设备。

提前 90min 到达机位，执行航前检查工作。

完成航前检查后，与机组完成飞机状态交接，确认飞机完成放行，签署维修记录。维修人员完成出港送机工作。

交接完成后，归还工具设备、器材，反馈工作单卡等维修记录。

8：15 左右开始班后会，点评航后及航前工作。

8：30 左右夜班人员下班（此时绝大部分飞机已出港）。

安排人员留守，保障 8：30~9：00 的航前飞机。

8：50 白班人员进场。

（四）绕机检查路线实例

不同维修单位、不同航空器型号的检查路线可能不同，执行工作时应按照对应工卡的规定检查路线进行检查，某维修单位波音 737-300 飞机的绕机检查路线如图 3-1-1 所示。

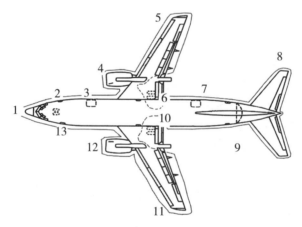

图 3-1-1　典型绕机检查路线举例

1—机头区域；2—前起落架和轮舱区域；3—右侧前段机身区域；4—右发动机区域；5—右大翼区域；
6—右主起落架区域；7—右侧后段机身区域；8—尾翼区域；9—左侧后段机身区域；10—左主起落架区域；
11—左大翼区域；12—左发动机区域；13—左侧前段机身区域

三、航线维修的定义

CCAR-145《民用航空器维修单位合格审定规定》中对航线维修的定义为：按照航空营运人提供的工作单对航空器进行的例行检查和按照相应飞机、发动机维护手册等在航线进行的故障和缺陷的处理，包括换件和按照航空营运人机型最低设备清单、外形缺损清单保留故障和缺陷。

🔍 任务提示

一、引导文

（1）掌握航线检查的定义。

（2）掌握航线检查的分类。

（3）掌握航线检查的概述。

二、工作方法

（1）查阅手册后回答引导问题，可以使用的材料有手册、网络资源等。

（2）以小组讨论的形式完成工作计划。

（3）按照工作计划，完成维修工作单卡的填写和机务检查的概述，对于计划中未考虑的问题，请先尽量自行解决，如果无法解决再与培训教师进行讨论。

（4）与教师讨论，进行工作总结。

三、工作内容

（1）分析打印维修工作单卡，拟订测量计划。

（2）工具、耗材的选择。

（3）绕机检查路线的确定。

（4）工具、设备、现场"6S"管理。

（5）绕机检查的流程。

四、知识储备

（1）航线检查的分类。

（2）区域检查的定义。

（3）航线维修的倒班制度。

（4）绕机检查的路线。

（5）航线检查工卡的填写。

五、注意事项与工作提示

（1）航线绕机检查必须是一个完整的闭环曲线，切忌走马观花。

（2）夏季绕机检查时，要格外注意机身和发动机是否有雷击点。

（3）按规定填写工作单卡。

（4）遵守航线维修的倒班制度，防止迟到、早退。

六、劳动安全

（1）维修人员应熟悉在紧急情况下自救和处理意外事故的方法。

（2）维修人员从事维修工作要遵守现场的规章制度。

（3）未安装起落架安装销，起落架可能会意外收起，造成人员伤亡和设备损坏。

七、环境保护

（1）参照飞机维护手册相应章节的内容。

（2）航空器停放时要保持一定的安全距离。

（3）在封闭的区域工作时，应用风扇或冷气通风，保证空气的流动性。

工作过程

一、任务咨询

（一）学习任务

1.查阅相关资料，描述航线检查的定义。

2.查阅相关资料，说明详细目视检查的意义。

（二）查询任务

1.区域检查包括下列哪些方面？（　　　）

A.针对整个航空器区域进行的一般目视检查

B.针对导线束和易燃物进行的增强区域检查

C.针对低/高能量辐射保护设备的完整性进行的检查

D.针对航空器的故障进行预防性检查

2.功能检查的目的是什么？

3.CCAR-145 所述的"工作单卡"和维修工作实施依据文件是什么具体文件，为什么？

4.一般来说，航后维修工作包括：航空器入港接机、缓冲支柱镜面清洁、发动机滑油补充、＿＿＿＿＿＿＿＿＿＿＿、＿＿＿＿＿＿＿＿＿＿＿等。

二、任务计划

（一）查询工作

查询手册，制定本任务工序卡，在表 3-1-1 中表述你的工序。

表 3-1-1　航线检查的工序卡

序号	区域	工作步骤	工具/设备	时间
签字		校对		审核
日期				

（二）记录工作

完成检查该区域需要的设备、工具记录表 3-1-2。

表 3-1-2　航线检查需要的设备、工具清单

序号	名称	型号	数量	用途	备注
1					
2					
3					
4					
5					
6					
7					
8					
9					

（三）判断

对航空器内部或外部区域、组件的装配或部件的安装情况进行目视检查，目视检查只能用眼睛看。（　　）

理由：_____

_____

_____

三、任务决策

（一）学习任务

实训前，进行关键技术方面的检查、决策，按表 3-1-3 要点执行。

表 3-1-3　决策要素

序号	决策点	请决策	
1	工序是否完整、科学	是〇	否〇
2	是否遵守规定的检查路线执行	是〇	否〇
3	是否了解检查的定义	是〇	否〇
4	是否了解航线检查的倒班流程	是〇	否〇
5	是否理解目视检查的意义	是〇	否〇
6	是否熟悉功能检查的目的	是〇	否〇
7	是否掌握区域检查的范围	是〇	否〇
8	是否熟悉航线检查工作单卡的种类	是〇	否〇
9	是否征求了教师的意见	是〇	否〇

（二）对比任务

与教师制订的工作方案对比，进行决策分析。

_____

_____

_____

四、任务实施

（一）学习任务

为了工作的精益化，填写学习过程记录表 3-1-4，方便日后总结。

表 3-1-4　航线检查学习过程记录

事项	属于精益调整	属于正常操作	用时 /min
检查工具准备		完成规范操作且符合要求	5
航线检查方法的分类			
航线检查的倒班工作流程			
航线检查工作单卡的签写			

表 3-1-4（续）

事项	属于精益调整	属于正常操作	用时 /min
航线检查路线的实施			
航线检查与航线维修的区别			
检查工具准备			

（二）实训任务

简述夜班主要工作的流程。

_____

_____

_____

五、任务检查

（一）检查工作

进行完工检查，检查结果记录在之前制定的质量检查记录表中，对不符合要求的质量缺陷，记录在表 3-1-5，并分析原因，制定措施。

表 3-1-5　质量分析记录表

航线检查			时间	
序号	质量要求	实际状况	差错分析	整改措施
1	航线检查的定义			
2	航线检查的分类			
3	区域检查的范围			
4	倒班制度的流程			
5	飞机检查的线路			

（二）学习任务

检查自己的工作计划，完善表 3-1-6，判断完成的情况。

表 3-1-6　计划完成情况检查表

检查项目	检查结果			完善点	其他
工时执行					
"6S" 执行					
质量成果					
学习投入					
获取知识					
技能水平					

表 3-1-6（续）

检查项目	检查结果	完善点	其他
安全、环保			
设备使用			
突发事件			

六、任务评价

（一）技能评价

"航线检查概述"由评价人设定航线检查的学习流程，依据结果评定等级（1~10级），见表 3-1-7。

表 3-1-7　任务完成情况检查表

类型	评价因子	学生自查		教师评价		
		是	否	是	否	评分等级
综合能力测评（组内互评）	按时到课					
	工装整齐					
	书、笔齐					
	主动探索					
	服从分配					
	自觉学习					
	团结互助					
	小组合作					
	A					
专业能力测评（组间互评）	检查定义					
	检查分类					
	工卡种类					
	检查目的					
	绕机路线					
	倒班流程					
	使用工具					
	航后工作					
	B					

（二）工作页评价

完善工作页评价表 3-1-8。

表 3-1-8　工作页评价表

序号	内容	过程评价			权重	合计
		总分	被复查的任务数	百分制成绩		
1	咨询				0.2	
2	计划				0.2	
3	决策				0.05	
4	实施				0.4	
5	检查				0.15	
工作页成绩 = （工作页评分每项最高 100 分）						C

（三）项目总成绩

完成成绩汇总表 3-1-9。

表 3-1-9　项目总成绩计算表

序号	项目工作的内容	成绩转填	权重	中间成绩
1	技能评价	（A+B）/2	0.7	
2	工作页评价	C	0.3	

序号	评价	分数段 / 分	总分：	D
1	非常好	91~100		
2	好	81~90		
3	满意	71~80	评价：	
4	足够	60~70		
5	有缺陷	30~59		
6	未掌握	0~29		

总结与提高

一、汇总分析

（1）通过本次学习，我学到的知识点 / 技能点有：_____

_____

不理解的有：_____

_____

（2）我认为在以下方面还需要深入学习并提升岗位能力，并将自己的评价分数（百分制）标在下图中。

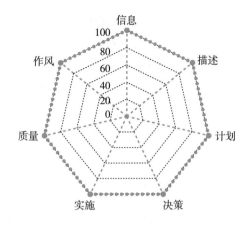

二、他山之石

小组成员评语：_____

_____

_____

教师评语：_____

_____

_____

项目二　机头和前起落架区域检查

班级：_____　姓名：_____　学号：_____　日期：_____　测评等级：_____

有关说明：

本项目的实施方案依据《航空器维修基础知识和实作培训规范》编写，适用于指导学生完成学习任务；同时，可作为抽查学习成果和检查学习过程的参考资料。

📝 工作描述

工作任务	机头和前起落架区域检查	教学模式	任务驱动和行动导向
建议学时	2学时	教学地点	一体化教室
任务描述	依据飞机维护手册的要求，进行飞机机头和前起落架区域检查，包括雷达罩检查、导电带检查、前E/E舱门检查、机轮检查、前起落架机构检查、前轮舱内部件检查等，根据检查标准快速判断问题，并填写相关数据记录本，保证飞机符合放行要求。 前起落架由缓冲支柱、带下位锁的后撑杆、收放作动筒、上位锁、舱门锁、转弯操纵减摆系统、机械指示系统、信号指示装置、两个无刹车机轮组件及应急放作动筒等组成。机头和前起落架是飞机系统架构中重要的组成部分，其对于飞机起飞和着陆的安全性有着很大的影响。但是飞机机头和前起落架在日常运行过程中，会受到多种因素影响而产生故障问题，因此，做好飞机起落架日常维护工作十分必要		
学习目标	知识目标	1. 描述飞机机头与前起落架的组成。 2. 描述飞机轮胎典型的损伤类型。 3. 知道飞机机头的检查标准。 4. 知道飞机前起落架的检查标准。 5. 掌握飞机前起落架刹车的测量要点。 6. 根据飞机维护手册查阅相应检查流程。 7. 描述安全操作规程和个人防护。 8. 描述机头和前起落架区域检查的操作步骤	
	能力目标	1. 能描述飞机机头与前起落架的组成。 2. 能描述飞机轮胎典型的损伤类型。 3. 能知道飞机机头的检查标准。 4. 能知道飞机前起落架的检查标准。 5. 能掌握飞机前起落架刹车的测量要点。	

（续）

学习目标	能力目标	6.能根据飞机维护手册查阅相应检查流程。 7.能描述机头和前起落架区域检查安全操作规程。 8.能描述机头和前起落架区域检查的操作步骤。 9.能按计划实施操作	
	素质目标	1.具有爱岗敬业、诚实守信、遵章守纪的良好职业道德。 2.具备严谨规范、精益求精、吃苦耐劳的优良品质。 3.具备团队协作、人际沟通良好的社会交往能力。 4.具备从事本专业工作的安全防护、安全文明生产和环境保护等意识。 5.具备"航空报国、追求卓越"的职业素养	
学习准备	维修工作单	AMM 29-00-00；AMM 32-61-41；AMM 32-61-51； AMM 32-09-02；AMM 32-33-51；AMM 35-10-00； AMM 52-05-03；AMM 32-45-00-700-801； AMM 12-15-51-780-801；AMM 29-11-00-860-803； AMM 32-00-10-211-801；AMM 32-21-00-200-801	
	工具设备	手套、抹布、工具盘、手电	
	人员分组	小组人员岗位由组长分配	
	工作岗位	时段一	时段二
	班组长		
	操作人员		
	辅助人员		
	安全监督		
	质量检验		
	"6S"管理		
重、难点	重点	机头和前起落架检查的技术标准	重点？难点？
	难点	机头和前起落架检查的技术标准	

📇 知识链接

一、接受维修任务

（1）领取相关数据记录本或打印维修工作单卡。

（2）领用工具设备、器材、手套、抹布、工具盘和手电（按需）。

二、检查标准

（1）确认全温探头无堵塞和明显损伤（见图3-2-1）。

全温探头如果发生堵塞，那么大气数据计算机接收的总温信号就不正确，从而导致大气数据计算机所计算的气压高度和空速不准确。因而，接收大气数据计算机输出的高度，空速的下列系统都会收到不正确的数据：自动油门、EFIS或DEU，飞行控制计算机、空中交通管制、近地警告计算机、偏航阻尼器、增压控制器、FMC气象雷达等都会受到影响，从而影响到飞行安全。

（2）检查左右迎角探测器完好，叶片角度正常（见图 3-2-2）。

图 3-2-1　全温探头

图 3-2-2　迎角探测器

（3）确认 RVSM 关键区域内的皮托管无明显损伤、无烧蚀现象（见图 3-2-3）。

（4）确认 RVSM 关键区域内的蒙皮无明显损伤、无凹陷和隆起。

（5）从地面检查雷达罩和机头区域有无明显损伤（见图 3-2-4）。

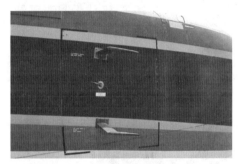

图 3-2-3　RVSM 关键区域内的皮托管

图 3-2-4　雷达罩区域

（6）目视检查确认所有紧急出口窗安装正常，手柄在正常位（见图 3-2-5）。

（7）检查前起落架和舱门（见图 3-2-6），确认无明显损伤。

图 3-2-5　紧急出口窗

图 3-2-6　前起落架舱门

（8）轮胎磨损及扎伤、割伤；机轮连接螺栓无丢失，轮胎安全释压活门在位（见图 3-2-7）。

（9）确认缓冲支柱镜面高度 T 正常（$T \geqslant 2.7\text{in}$ [1]）。实测值：_____in。

---

[1]　1in=25.4mm。

注释：每年 10 月 15 日至次年 3 月 15 日才执行检查测量镜面高度。

（10）检查缓冲支柱，确认无明显划伤、内筒镜面无渗漏（见图 3-2-8）。

图 3-2-7　轮胎和轮毂

图 3-2-8　内筒镜面

（11）检查前起落架防扭臂安装状况，包括上下防扭臂脱开销、开口销及封严胶的状况（见图 3-2-9）。

（12）检查起落架和轮舱内液压管路与部件（见图 3-2-10），确认无漏油现象、无明显损伤。

图 3-2-9　防扭臂安装

图 3-2-10　液压管路及部件

（13）确认各邻近电门、导线和线管在位、完好（见图 3-2-11）。

（14）检查可见的前轮转弯操纵钢索，确认无明显的断丝、断股现象（钢索见图 3-2-12）。

图 3-2-11　邻近电门

图 3-2-12　转弯计量活门

（15）确认前轮收上刹车片的磨损未超标（若固定螺栓顶部端面与刹车片磨损面之间的距离小于 1/16in 则应更换），左右两边的磨损量应基本一致。清洁前起落架放下锁好标志，按需清洁观察窗（刹车片见图 3-2-13）。

（16）确认滑行灯的灯罩无破裂、轮舱照明灯工作正常且灯罩无破裂（见图 3-2-14）。

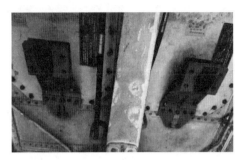

图 3-2-13　刹车片

图 3-2-14　滑行灯

三、收尾

（1）清点工具。

（2）恢复工作现场。

（3）恢复飞机状态。

（4）确保维修工作单卡、飞行记录本等维修记录已完成签署。

（5）归还工具设备。

（6）器材回仓。

（7）将维修工作单卡等维修记录反馈给相关部门。

🔍 任务提示

一、引导文

（1）了解飞机机头和前起落架检查的准备事项。

（2）掌握飞机机头和前起落架检查的操作流程。

（3）熟悉飞机机头和前起落架检查的工作规范。

二、工作方法

（1）查阅手册后回答引导问题，可以使用的材料有手册、网络资源等。

（2）以小组讨论的形式完成工作计划。

（3）按照工作计划，完成维修工作单卡的填写和机头与前起落架区域检查的任务，对于计划中未考虑的问题，请先尽量自行解决，如无法解决再与培训教师进行讨论。

（4）与教师讨论，进行工作总结。

三、工作内容

（1）机头和前起落架检查工具的借用。

（2）机头和前起落架检查的质量分析。

（3）机头和前起落架检查相关手册查询。

（4）机头和前起落架检查异常情况处置。

（5）机头和前起落架各区域检查的技术标准。

四、知识储备

（1）机头和前起落架检查工具的借用。

（2）轮胎磨损部位的质量分析。

（3）机头和前起落架检查相关手册查询。

（4）机头和前起落架检查异常情况处置。

（5）机头和前起落架各区域检查的技术标准。

五、注意事项与工作提示

（1）本示例介绍机头和前起落架区域的检查，请依据机型维修手册要求完成机头和前起落架检查，严格遵守机头和前起落架检查工作的安全规范。

（2）实训时穿戴好鞋服。

（3）确保前起落架缓冲支柱的伸长量正常。

（4）确保内筒镜面无划伤。

（5）确保前起落架用干净抹布擦净后无油液渗漏现象。

（6）确保前轮止动刹车片左右磨损量应基本一致。

（7）确保全温探头无堵塞和明显损伤。

六、劳动安全

（1）未安装起落架安装销，起落架可能会意外收起，造成人员伤亡和设备损坏。

（2）工量具轻拿轻放，正确测量和使用工量具。

（3）使用专用放气工具，防止高压气体喷出伤人危险。

（4）操作电动液压泵之前，务必确保人和设备都远离所有的飞控舵面。

（5）5min内不要操作电动液压泵超过5次，否则可能导致泵过热。

七、环境保护

（1）参照飞机维护手册相应章节的内容。

（2）飞机应停放在规定位置。

（3）做好工作现场的"6S"管理以及持续改善。

⚙ 工作过程

一、任务咨询

（一）学习任务

1.查阅相关资料，描述前起落架地面目视检查内容主要包括哪些？

_____

_____

2.查阅相关资料，说明前起落架刹车测量的过程。

_____

_____

（二）查询任务

1.刹车系统中的防滞传感器的功用是（　　　　）

A.减小刹车阻力　　　　　　　　　　B.提高刹车效率

C.减小刹车压力　　　　　　　　　　D.感受机轮的滞动情况

2.确认前轮收上刹车片的磨损未超标（若固定螺栓顶部端面与刹车片磨损面之间的距离小于_____则应更换）。

3.检查前起落架防扭臂安装状况，检查内容包括哪些？

_____

_____

二、任务计划

（一）查询工作

查询手册，制定本任务工序卡，在表3-2-1中表述你的工序。

表 3-2-1　机头与前起落架检查的工序卡

序号	区域	工作步骤	工具 / 设备	时间
签字		校对		审核
日期				

（二）记录工作

完成检查该区域需要的设备、工具记录表 3-2-2。

表 3-2-2　机头与前起落架检查需要的设备、工具清单

序号	名称	型号	数量	用途	备注
1					
2					
3					
4					
5					
6					
7					
8					
9					

（三）判断

全温探头如果发生堵塞，那么大气数据计算机就不接收信号。（　　　　）

理由：_____

_____

_____

三、任务决策

（一）学习任务

实训前，进行关键技术方面的检查、决策，按表 3-2-3 要点执行。

表 3-2-3　决策要素

序号	决策点	请决策	
1	工序是否完整、科学	是〇	否〇
2	紧固件是否松动	是〇	否〇
3	是否有漏油痕迹	是〇	否〇
4	蒙皮是否损伤	是〇	否〇
5	维修手册是否已查询	是〇	否〇
6	起落架安全销是否插好	是〇	否〇
7	保险是否断裂	是〇	否〇
8	劳动保护是否达到要求	是〇	否〇
9	是否征求了教师的意见	是〇	否〇

（二）对比任务

与教师制订的工作方案对比，进行决策分析。

_____

_____

四、任务实施

（一）学习任务

为了工作的精益化，填写检查过程记录表 3-2-4，方便日后总结。

表 3-2-4　机头与前起落架检查过程记录

事项	属于精益调整	属于正常操作	用时 /min
工具准备		完成规范操作且符合要求	5
安装起落架安全销			
各种探头状态			
雷达保护罩状态			
飞机舱门检查			
前起落架舱部件检查			

（二）实训任务

1. 在起落架油气式缓冲支柱内安装套筒，间隔环或缓冲器是为了（　　　）。

A. 限制防扭臂的伸张   B. 校正机轮的定位

C. 限制伸张行程   D. 减小回跳作用

2. 请说明前起轮轮胎典型损伤类型。

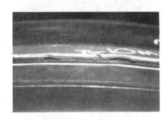  

_____

_____

_____

（三）巩固任务

前起落架轮舱区域目视检查内容有哪些？

_____

_____

_____

五、任务检查

（一）检查工作

进行完工检查，检查结果记录在之前制定的质量检查记录表中，对不符合要求的质量缺陷，完成表 3-2-5，并分析原因，制定措施。

表 3-2-5 质量分析记录表

机头和前起落架区域检查			时间	
序号	质量要求	实际状况	差错分析	整改措施
1	全温探头无堵塞和明显损伤			
2	左右迎角探测器完好，叶片角度正常			
3	皮托管无明显损伤、无烧蚀			
4	雷达罩和机头区域有无明显损伤			
5	所有紧急出口窗安装正常，手柄在正常位			

（二）学习任务

检查自己的工作计划，完善表 3-2-6，判断完成的情况。

表 3-2-6　计划完成情况检查表

检查项目	检查结果			完善点	其他
工时执行					
"6S" 执行					
质量成果					
学习投入					
获取知识					
技能水平					
安全、环保					
设备使用					
突发事件					

六、任务评价

（一）技能评价

"机头和前起落架区域检查"由评价人设定机头和前起落架区域检查的操作流程，依据结果评定等级（1~10 级），见表 3-2-7。

表 3-2-7　任务完成情况检查表

类型	评价因子	学生自查		教师评价		
		是	否	是	否	评分等级
综合能力测评（组内互评）	按时到课					
	工装整齐					
	书、笔齐					
	主动探索					
	服从分配					
	自觉学习					
	团结互助					
	小组合作					
	A					
专业能力测评（组间互评）	部件裂纹					
	导管磨损					
	油液渗漏					
	有多余物					
	紧固件脱落					
	保险断裂					

表 3-2-7（续）

类型	评价因子	学生自查		教师评价		
		是	否	是	否	评分等级
专业能力测评（组间互评）	蒙皮损伤					
	参数合规					
	B					

（二）工作页评价

完善工作页评价表 3-2-8。

表 3-2-8　工作页评价表

序号	内容	过程评价			权重	合计
		总分	被复查的任务数	百分制成绩		
1	咨询				0.2	
2	计划				0.2	
3	决策				0.05	
4	实施				0.4	
5	检查				0.15	
工作页成绩 =（工作页评分每项最高 100 分）						C

（三）项目总成绩

完成成绩汇总表 3-2-9。

表 3-2-9　项目总成绩计算表

序号	项目工作的内容	成绩转填	权重	中间成绩
1	技能评价	（A+B）/2	0.7	
2	工作页评价	C	0.3	

序号	评价	分数段 / 分
1	非常好	91~100
2	好	81~90
3	满意	71~80
4	足够	60~70
5	有缺陷	30~59
6	未掌握	0~29

总分：

评价：

D

📝 **总结与提高**

一、汇总分析

（1）通过本次学习，我学到的知识点 / 技能点有：＿＿＿＿＿＿＿＿＿＿＿＿＿

＿＿＿＿＿＿＿＿＿＿＿＿＿＿＿＿＿＿＿＿＿＿＿＿＿＿＿＿＿＿＿＿＿＿＿＿

　不理解的有：＿＿＿＿＿＿＿＿＿＿＿＿＿＿＿＿＿＿＿＿＿＿＿＿＿＿＿＿

＿＿＿＿＿＿＿＿＿＿＿＿＿＿＿＿＿＿＿＿＿＿＿＿＿＿＿＿＿＿＿＿＿＿＿＿

　　（2）我认为在以下方面还需要深入学习并提升岗位能力，并将自己的评价分数（百分制）标在下图中。

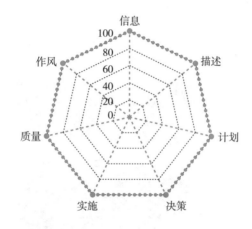

二、他山之石

小组成员评语：＿＿＿＿＿＿＿＿＿＿＿＿＿＿＿＿＿＿＿＿＿＿＿＿＿＿＿＿

＿＿＿＿＿＿＿＿＿＿＿＿＿＿＿＿＿＿＿＿＿＿＿＿＿＿＿＿＿＿＿＿＿＿＿＿

＿＿＿＿＿＿＿＿＿＿＿＿＿＿＿＿＿＿＿＿＿＿＿＿＿＿＿＿＿＿＿＿＿＿＿＿

　教师评语：＿＿＿＿＿＿＿＿＿＿＿＿＿＿＿＿＿＿＿＿＿＿＿＿＿＿＿＿＿＿

＿＿＿＿＿＿＿＿＿＿＿＿＿＿＿＿＿＿＿＿＿＿＿＿＿＿＿＿＿＿＿＿＿＿＿＿

＿＿＿＿＿＿＿＿＿＿＿＿＿＿＿＿＿＿＿＿＿＿＿＿＿＿＿＿＿＿＿＿＿＿＿＿

右机身前段

模块三

绕机检查

项目三　飞机右机身前段和右发动机区域检查

班级：_____　　姓名：_____　　学号：_____　　日期：_____　　测评等级：_____

有关说明：

本项目的实施方案依据《航空器维修基础知识和实作培训规范》编写，适用于指导学生完成学习任务；同时，可作为抽查学习成果和检查学习过程的参考资料。

工作描述

工作任务	飞机右机身前段和右发动机区域检查	教学模式	任务驱动和行动导向
建议学时	2 学时	教学地点	一体化教室
任务描述	依据飞机维护手册的要求，进行飞机右机身前段和右发动机区域检查，并填写检查记录本，保证飞机符合放行要求。 　　航空发动机是一种高度复杂和精密的热力机械，作为飞机的心脏，提供飞机飞行的动力，飞机运行过程中对安全影响最大的就是发动机故障，这就需要机务人员严格按照规范流程做好发动机检查工作。开展飞机右机身前段和右发动机区域检查工作之前，必须对飞机右机身前段和右发动机区域检查工作流程有基本认知，这样在实践工作中才能关注到每个细节，提高飞机维护质量。本项目的知识点包含飞机右机身前段检查内容、检查标准和飞机右发动机区域检查内容、检查标准等，掌握本项目的内容可为顺利开展绕机检查工作奠定理论基础		
学习目标	知识目标	1. 了解外部电源面板检查内容与检查标准。 2. 确认前勤务门与厕所勤务口盖检查内容。 3. 确认机组氧气热释片在位标准。 4. 描述前货舱及其内部检查内容。 5. 熟悉冲压空气进气道检查时注意事项。 6. 熟悉 IDG 滑油加注标准。 7. 熟悉发动机进气道检查内容。 8. 熟悉发动机右侧相关区域检查内容。 9. 描述发动机尾部相关区域检查内容。 10. 描述发动机底部相关区域检查内容与检查标准		
	能力目标	1. 能了解外部电源面板检查内容与检查标准。 2. 能确认前勤务门与厕所勤务口盖检查内容。 3. 能确认机组氧气热释片在位标准。		

（续）

学习目标	能力目标	4. 能描述前货舱及其内部检查内容。 5. 能熟悉冲压空气进气道检查时注意事项。 6. 能熟悉 IDG 滑油加注标准。 7. 能熟悉发动机进气道检查内容。 8. 能熟悉发动机右侧相关区域检查内容。 9. 能描述发动机尾部相关区域检查内容。 10. 能做好工作现场的"6S"管理以及持续改善。 11. 能按计划实施操作	
	素质目标	1. 具有爱岗敬业、诚实守信、遵章守纪的良好职业道德。 2. 具备严谨规范、精益求精、吃苦耐劳的优良品质。 3. 具备团队协作、人际沟通良好的社会交往能力。 4. 具备从事本专业工作的安全防护、安全文明生产和环境保护等意识。 5. 具备"航空报国、追求卓越"的职业素养	
学习准备	维修工作单	AMM 12–13–21/301；AMM 12–13–11–600–801； AMM 21–51–00；AMM 35–10–00；AMM 52–05–03； AMM 54–55–01；AMM 71–11–08；AMM 71–71–00/601； AMM 71–11–01/601；AMM 71–71–00–200–801；AMM 72–21–00/601	
	工具设备	手套、抹布、工具盘、手电	
	人员分组	小组人员岗位由组长分配	
	工作岗位	时段一	时段二
	班组长		
	操作人员		
	辅助人员		
	安全监督		
	质量检验		
	"6S"管理		
重、难点	重点	飞机右机身前段和右发动机检查的技术标准	
	难点	飞机右机身前段和右发动机检查的技术标准	

📠 知识链接

一、接受维修任务

（1）领取或打印维修工作单卡，航后工卡。

（2）领用工具设备、器材、手套、抹布、工具盘和手电（按需）。

二、检查标准

（1）确认前设备舱门和 E/E 舱门无明显损伤（见图 3–3–1）。

（2）检查外部电源面板的状况，插座及销钉，确认完好（见图 3–3–2）。若正在使用外部电源，确认灯指示工作正常。

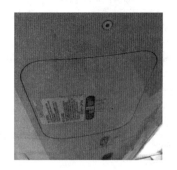

图 3-3-1　前设备舱门和 E/E 舱门

图 3-3-2　外部电源面板

（3）确认前厕所勤务口盖及周围区域无渗漏痕迹，口盖盖上并锁好。

（4）检查勤务门外部区域，确认无明显损伤（见图 3-3-3）。

（5）确认机组氧气热释片（绿色）在位。

（6）确认静压口周围抛光面干净且无明显划伤（见图 3-3-4）。

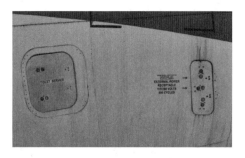

图 3-3-3　勤务门外部

图 3-3-4　静压口

（7）确认前货舱门操纵灵活、可牢固锁好、拉绳状态良好，货舱内部已清洁，货舱地板、侧壁、前后壁板状态良好，货舱门封严，货网、系留装置无明显损伤（见图 3-3-5）。

（8）从地面检查机身蒙皮外表，确认无明显掉漆、划伤、隆起等损伤。

（9）从地面检查翼上应急门完好。

（10）检查翼根着陆灯透明灯罩，确认内、外表面干净（见图 3-3-6）。按需拆下并对灯罩内表面清洁。

图 3-3-5　前货舱门及拉绳

图 3-3-6　着陆灯透明灯罩

（11）确认冲压空气进气折流门应伸出，调节板在位，冲压空气进口和出口无堵塞。

（12）确认空调舱门外表正常并锁好（见图3-3-7）。警告：冲压空气进气道中经常会吸入各种外来物，如纸张、衣服毛巾、塑料袋等，结果会减少空调系统的冲压冷却空气量，最终导致空调组件因冷却不足而过热跳开。

（13）检查固定着陆灯、转弯灯、机翼照明灯的灯罩，确认无破裂。

（14）检查机身下部防撞灯的灯罩，确认无破裂（见图3-3-8）。

图 3-3-7　空调舱外部　　　　　　　　　图 3-3-8　防撞灯的灯罩

（15）确认飞机底部所有导航/通信系统的天线在位（见图3-3-9）。

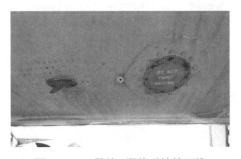

图 3-3-9　导航/通信系统的天线

（16）发动机左侧区域。

a. 确认吊架左侧各工作盖板盖好，紧固件在位（见图3-3-10）。

b. 确认风扇整流罩上的涡流控制器在位、完好。

c. 确认左侧风扇整流罩和反推整流罩无变形、明显掉漆、划伤、损伤，各标记清晰（见图3-3-11）。

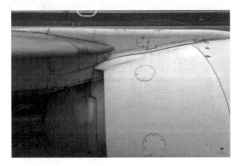 

图 3-3-10　吊架左侧各工作盖板　　　　　图 3-3-11　左侧风扇整流罩和反推整流罩

d. 打开 CSD 接近盖板，确认 CSD 滑油量在规定的范围内（见图 3-3-12），不足则补加。确认 CSD 内部油滤压差指示器未弹出。

图 3-3-12　CSD 滑油量

（17）进气道区域（见图 3-3-13）。

a. 确认进气整流罩及进气道无外来物，进气整流罩前缘无明显损伤（划伤、凹坑、刻痕等）。

b. 检查进气道消音板，确认无明显裂纹、脱落、掉块、分层。

c. 检查整流锥，确认无明显裂纹、变形、凹坑等损伤。

d. 确认 T2 和 T12 温度探头在位、无堵塞和明显损伤。

e. 确认内涵道进口导向叶片、风扇出口导向叶片和风扇框架结构无明显损伤。

f. 检查风扇叶片，确认无明显裂纹、刻痕、弯曲、卷边及电弧烧伤（见图 3-3-14）。用手转动风扇叶片，应转动自如无卡滞无异响，风扇叶片叶尖与机匣内壁无相磨、叶片凸台正常无错位。

图 3-3-13　进气道区域部件　　　　　图 3-3-14　风扇叶片及风扇框架结构

（18）发动机右侧区域。

a. 确认吊架右侧各工作盖板盖好、紧固件在位。

b. 确认右侧风扇整流罩和整流罩无变形、明显掉漆、划伤、损伤，各标记清晰（见图 3-3-15）。

图 3-3-15　右侧风扇整流罩和整流罩

（19）发动机尾部区域（见图 3-3-16）。

a. 检查排气尾锥，确认无明显裂纹及损伤，无金属、滑油沉积现象。

b. 检查排气机匣支柱和第 4 级低压涡轮叶片，确认无明显裂纹及损伤。

c. 确认外涵道无异常、整流支柱状态良好、CSD 滑油冷却器在位且无明显损伤（见图 3-3-17）。

图 3-3-16　发动机尾部区域　　　　　　　　图 3-3-17　外涵道

（20）发动机底部区域。

a. 检查发动机底部，确认无油液渗漏（见图 3-3-18）。

b. 确认风扇整流罩和反推整流罩底部的锁扣锁好（见图 3-3-19）。

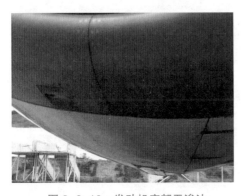

图 3-3-18　发动机底部无渗油　　　　　　　图 3-3-19　发动机底部锁扣

（21）如果添加滑油，需确认滑油箱加油口盖已盖好，滑油勤务盖板已关闭（见图 3-3-20）。

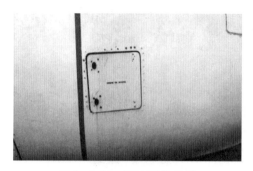

图 3-3-20　滑油勤务盖板

三、收尾

（1）清点工具。

（2）恢复工作现场。

（3）恢复飞机状态。

（4）确保维修工作单卡、飞行记录本等维修记录已完成签署。

（5）归还工具设备。

（6）器材回仓。

（7）将维修工作单卡等维修记录反馈给相关部门。

🔍 任务提示

一、引导文

（1）了解飞机右机身前段和右发动机区域检查的准备事项。

（2）掌握飞机右机身前段和右发动机区域检查的操作流程。

（3）熟悉飞机右机身前段和右发动机区域检查的工作规范。

二、工作方法

（1）查阅手册后回答引导问题，可以使用的材料有手册、网络资源等。

（2）以小组讨论的形式完成工作计划。

（3）按照工作计划，完成维修工作单卡的填写记录本的任务，对于计划中未考虑的问题，请先尽量自行解决，如果无法解决再与培训教师进行讨论。

（4）与教师讨论，进行工作总结。

三、工作内容

（1）分析打印维修工作单卡，拟订测量计划。

（2）工具、耗材的选择。

（3）右大翼和右轮舱区域检查。

（4）工具、设备、现场"6S"。

（5）右机身前段和右发动机区域检查标准的确定。

四、知识储备

（1）右机身前段和右发动机区域检查工具的借用。

（2）右机身前段和右发动机区域检查的质量分析。

（3）右机身前段和右发动机区域检查手册的查询。

（4）右机身前段和右发动机区域检查步骤。

（5）右机身前段和右发动机区域检查的标准。

五、注意事项与工作提示

（1）本示例介绍右大翼和右轮舱区域检查，请依据机型维修手册要求完成右大翼和右轮舱区域检查。

（2）实训时穿戴好鞋服。

（3）发动机检查工作应在发动机关车 5min 后进行，防止对工作人员造成损伤。

（4）发动机吊舱排水口不允许有燃油、滑油，液压油渗漏。

（5）发动机余油口无油液渗漏或者渗漏在标准范围内。

（6）IDG 滑油勤务不能超过 FULL 指示带。

六、劳动安全

（1）未安装起落架安装销，起落架可能会意外收起，造成人员伤亡和设备损坏。

（2）工量具轻拿轻放，正确测量和使用工量具。

（3）发动机滑油检查勤务工作应执行双人工作规定。

七、环境保护

（1）参照飞机维护手册相应章节的内容。

（2）飞机应停放在规定位置。

（3）及时清理渗漏油液，并查清楚油液渗漏来源。

工作过程

一、任务咨询

（一）学习任务

1. 查阅相关资料，描述飞机前货舱检查内容及检查标准。

2.查阅相关资料，说明冲压空气进气道吸入杂物可能导致的严重后果。

_____

_____

_____

（二）查询任务

1.驾驶舱 E/E 舱门（电子 / 电气设备舱）警告灯（EQUIPMENT 灯）亮表明（　　　）

A. 前起落架后面机腹下面的 E/E 舱门未关或未关好

B. 前起落架前面的前设备舱（雷达舱）舱门未关或未关好

C. 前设备舱（雷达舱）舱门或 E/E 舱门（电子 / 电气设备舱）至少有一个未关或未关好

D. 前起落架舱门未关好

2.飞机底部导航 / 通信的天线包括哪些？

_____

_____

_____

3.检查发动机进气道区域时，检查内容有哪些？

_____

_____

_____

4.确保风扇整流罩、涡流发生器，反推整流罩安装在位，无目视可见损伤；检查风扇、涡轮叶片时应使用 _____ 等照明工具进行目视检查；检查风扇、涡轮叶片有无烧蚀、有无裂纹、有无掉块；必要时使用 _____ 检查。

二、任务计划

（一）查询工作

查询手册，制定本任务工序卡，在表 3-3-1 中表述你的工序。

表 3-3-1　飞机右机身和右发动机区域检查的工序卡

序号	区域	工作步骤	工具 / 设备	时间

表 3-3-1（续）

序号	区域	工作步骤	工具/设备	时间
签字		校对		审核
日期				

（二）记录工作

完成检查该区域需要的设备、工具记录表 3-3-2。

表 3-3-2 飞机右机身和右发动机区域检查需要的设备、工具清单

序号	名称	型号	数量	用途	备注
1					
2					
3					
4					
5					
6					
7					
8					
9					

（三）判断

冲压空气进气道中经常会吸入各种外来物，如纸张、衣服毛巾、塑料袋等，结果会增加空调系统的冲压冷却空气量。（　　　）

理由：_____

_____

_____

三、任务决策

（一）学习任务

实训前，进行关键技术方面的检查、决策，按表 3-3-3 要点执行。

表 3-3-3　决策要素

序号	决策点	请决策	
1	工序是否完整、科学	是○	否○
2	紧固件是否松动	是○	否○
3	是否有漏油痕迹	是○	否○
4	蒙皮是否损伤	是○	否○
5	维修手册是否已查询	是○	否○
6	发动机相关盖板是否已盖好	是○	否○
7	保险是否断裂	是○	否○
8	劳动保护是否达到要求	是○	否○
9	是否征求教师的意见	是○	否○

（二）对比任务

与教师制订的工作方案对比，进行决策分析。

四、任务实施

（一）学习任务

为了工作的精益化，填写检查过程记录表 3-3-4，方便日后总结。

表 3-3-4　飞机右机身和右发动机区域检查过程记录

事项	属于精益调整	属于正常操作	用时 /min
工具准备		完成规范操作且符合要求	5
安装起落架安全销			
检查外部电源面板			
检查前勤务门外部区域			
机组氧气热释片在位			
前货舱门及货舱内部检查			
机身蒙皮外表无变形损伤			
检查外部电源面板			
安装起落架安全销			

（二）实训任务

1. 当驾驶舱 IDG（整体驱动发电机）驱动灯（DRIVE）亮时说明（　　　　）

A. 该发动机的 IDG 内部滑油压力过低

B. 该发动机的 IDG 内部滑油温度过高

C. 该发动机的 IDG 内部滑油压力过低或者该发动机的 IDG 内部滑油温度过高，一旦 DRIVE 灯亮应及时脱开相应的 IDG

D. 该 IDG 可以继续使用

2. 发动机右侧区域检查内容包括哪些？

3. 飞机右机身前部区域检查内容包括哪些？

（三）巩固任务

发动机滑油检查及勤务能否超过 FULL 刻度线之上？

五、任务检查

（一）检查工作

进行完工检查，检查结果记录在之前制定的质量检查记录表中，对不符合要求的质量缺陷，完成表 3-3-5，并分析原因，制定措施。

表 3-3-5　质量分析记录表

右机身和右发动机区域检查			时间	
序号	质量要求	实际状况	差错分析	整改措施
1	设备舱门及勤务门无明显损伤			
2	静压口周围抛光面干净			
3	前货舱门操纵灵活，可牢固锁好			
4	机身蒙皮外表无明显掉漆、划伤，隆起			
5	空调舱门外表正常并锁好			

（二）学习任务

检查自己的工作计划，完善表 3-3-6，判断完成的情况。

表 3-3-6　计划完成情况检查表

检查项目	检查结果		完善点	其他
工时执行				
"6S" 执行				
质量成果				
学习投入				
获取知识				
技能水平				
安全、环保				
设备使用				
突发事件				

六、任务评价

（一）技能评价

"飞机右机身和右发动机区域检查"由评价人设定右机身和右发动机区域检查的操作流程，依据结果评定等级（1~10 级），见表 3-3-7。

表 3-3-7　任务完成情况检查表

类型	评价因子	学生自查		教师评价		
		是	否	是	否	评分等级
综合能力测评 （组内互评）	按时到课					
	工装整齐					
	书、笔齐					
	主动探索					

表 3-3-7（续）

类型	评价因子	学生自查		教师评价		
		是	否	是	否	评分等级
综合能力测评（组内互评）	服从分配					
	自觉学习					
	团结互助					
	小组合作					
	A					
专业能力测评（组间互评）	部件裂纹					
	导管磨损					
	油液渗漏					
	有多余物					
	紧固件脱落					
	保险断裂					
	蒙皮损伤					
	参数合规					
	B					

（二）工作页评价

完善工作页评价表 3-3-8。

表 3-3-8　工作页评价表

序号	内容	过程评价			权重	合计
		总分	被复查的任务数	百分制成绩		
1	咨询				0.2	
2	计划				0.2	
3	决策				0.05	
4	实施				0.4	
5	检查				0.15	
工作页成绩 =（工作页评分每项最高 100 分）						C

（三）项目总成绩

完成成绩汇总表 3-3-9。

表 3-3-9　项目总成绩计算表

序号	项目工作的内容	成绩转填	权重	中间成绩
1	技能评价	（A+B）/2	0.7	
2	工作页评价	C	0.3	

序号	评价	分数段 / 分	总分：	D
1	非常好	91~100		
2	好	81~90		
3	满意	71~80	评价：	
4	足够	60~70		
5	有缺陷	30~59		
6	未掌握	0~29		

总结与提高

一、汇总分析

（1）通过本次学习，我学到的知识点 / 技能点有：_____

_____

不理解的有：_____

_____

（2）我认为在以下方面还需要深入学习并提升岗位能力，并将自己的评价分数（百分制）标在下图中。

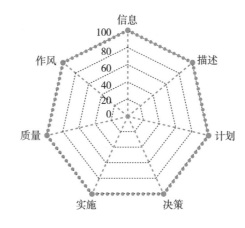

二、他山之石

小组成员评语：_____

_____

_____

教师评语：_____

_____

_____

右大翼区域
检查

项目四　右大翼和右轮舱区域检查

班级：_____　　姓名：_____　　学号：_____　　日期：_____　　测评等级：_____

有关说明：

　　本项目的实施方案依据《航空器维修基础知识和实作培训规范》编写，适用于指导学生完成学习任务；同时，可作为抽查学习成果和检查学习过程的参考资料。

📝 工作描述

工作任务	右大翼和右轮舱区域检查	教学模式	任务驱动和行动导向
建议学时	2 学时	教学地点	一体化教室
任务描述	依据飞机维护手册的要求，进行飞机右大翼、右轮舱区域和右起落架区域检查，包括机翼前缘、下表面、副翼、调整片等的检查，并填写检查记录本，保证飞机符合放行要求。 　　机翼是飞机结构最重要的耐久性关键件，机翼有很好的结构强度以承受巨大的载荷，同时也要有很大的刚度保证机翼在巨大载荷的作用下不会过分变形。机翼与起落架结构直接影响飞机的飞行性能。开展飞机右大翼和右轮舱区域检查工作之前，必须对飞机右大翼和右轮舱区域检查的工作流程有基本认知，这样在实践工作中才能关注到每个细节，提高飞机维护质量。本项目的知识点包含右大翼区域的检查内容、检查标准和右轮舱区域检查内容与检查标准等，掌握本项目的内容可为顺利开展飞机右大翼和右轮舱区域检查工作奠定理论基础。		
学习目标	知识目标	1. 描述飞机右大翼区域的作用与组成。 2. 描述机翼下表面和翼尖目视检查标准。 3. 知道油箱通气口和油箱释压阀门的检查方法。 4. 描述主起落架缓冲支柱与内筒镜面检查标准。 5. 明确飞机轮胎与轮毂检查内容和检查标准。 6. 确定起落架舱门、上锁机构，弹簧片等部件损伤标准。 7. 明确主起落架相关传感器检查内容。 8. 描述刹车磨损指示销伸出长度应该满足的要求。 9. 描述液压系统回油滤压指示器检查事项		
	能力目标	1. 能描述飞机右大翼区域的作用与组成。 2. 能描述机翼下表面和翼尖目视检查标准。 3. 能知道油箱通气口和油箱释压阀门的检查方法。 4. 能描述主起落架缓冲支柱与内筒镜面检查标准。		

（续）

学习目标	能力目标	5. 能确定起落架舱门、上锁机构，弹簧片等部件损伤标准。 6. 能明确主起落架相关传感器检查内容。 7. 能描述刹车磨损指示销伸出长度应该满足的要求。 8. 能明确飞机轮胎与轮毂检查内容和检查标准。 9. 能描述液压系统回油滤压指示器检查事项。 10. 能做好工作现场的"6S"管理以及持续改善。 11. 能按计划实施操作	
	素质目标	1. 具有爱岗敬业、诚实守信、遵章守纪的良好职业道德。 2. 具备严谨规范、精益求精、吃苦耐劳的优良品质。 3. 具备团队协作、人际沟通良好的社会交往能力。 4. 具备从事本专业工作的安全防护、安全文明生产和环境保护等意识。 5. 具备"航空报国、追求卓越"的职业素养	
学习准备	维修工作单	AMM 28-13-41；AMM 28-21-00；AMM 29-00-00； AMM 32-09-01；AMM 32-32-52；AMM 32-61-21； AMM 32-61-22；AMM 57-00-00；AMM 32-11-60-200-801； AMM 32-12-12-200-801；AMM 32-15-51-780-801；AMM 32-17-12-020； AMM 32-00-10-211-801；AMM 32-45-00-700-801	
	工具设备	手套、抹布、工具盘、手电	
	人员分组	小组人员岗位由组长分配	
	工作岗位	时段一	时段二
	班组长		
	操作人员		
	辅助人员		
	安全监督		
	质量检验		
	"6S"管理		
重、难点	重点	右大翼和右轮舱区域检查的技术标准	
	难点	右大翼和右轮舱区域检查的技术标准	

知识链接

一、接受维修任务

（1）领取轮胎气压监控本或打印维修工作单卡。

（2）领用工具设备、器材、手套、抹布、工具盘和手电（按需）。

二、操作流程

（一）右大翼区域检查

1. 从地面检查机翼前缘缝翼和前缘襟翼（见图3-4-1），确认无明显损伤和油液渗漏。

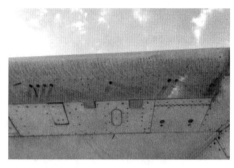

图 3-4-1　前缘缝翼和前缘襟翼

2. 检查机翼下表面，确认无明显损伤和油液渗漏；确认油尺在位、均压油箱通气口无外来物堵塞（见图 3-4-2）。

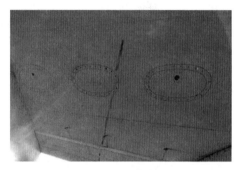

图 3-4-2　机翼下表面

3. 确认机翼下表面的释压阀门是闭合的（与机翼下表面平齐），加油站接近门关闭并锁好，周围无油迹（见图 3-4-3）。

4. 从地面检查副翼及调整片、后缘襟翼及整流罩，确认无明显损伤和油液渗漏的现象（见图 3-4-4）。

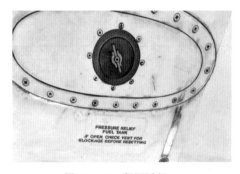

图 3-4-3　释压活门　　　　　　　图 3-4-4　副翼及调整片、后缘襟翼及整流罩

5. 检查可收放着陆灯、航行灯、频闪灯（如安装）、LOGO 灯的灯罩，确认无破裂（见图 3-4-5）。

6. 确认右大翼的静电放电刷在位、无明显损伤（见图 3-4-6）。

图 3-4-5　航行灯、频闪灯、LOGO 灯的灯罩

图 3-4-6　右大翼的静电放电刷在位

7. 从地面检查确认目视所及的飞机顶部的所有导航 / 通信系统的天线在位（见图 3-4-7）。

图 3-4-7　导航 / 通信系统的天线在位

（二）右主起落架区域检查

1. 检查起落架和起落架门，确认无明显损伤（见图 3-4-8）。

图 3-4-8　起落架和起落架门

2. 轮胎无磨损及扎伤、割伤；机轮连接螺栓无丢失，外侧轮毂罩完好，轮毂罩安装螺栓无丢失，内侧轮轴盖完好，轮轴盖安装螺栓无丢失，轮胎安全释压阀门在位。注：如更换机轮，检查机轮组件和轮轴区域无损伤（见图 3-4-9）。超压释压阀门：当轮胎由于过热压力达到 375~450psi 时，压力释放。

图 3-4-9　轮胎及轮毂

3. 设置停留刹车，确认刹车指示销的最小伸出量大于规定值（见图 3-4-10），否则更换刹车毂。

图 3-4-10　刹车指示销的伸出量

4. 确认缓冲支柱镜面高度 T 正常。实测值：_____in。

注释：每年 10 月 15 日至次年 3 月 15 日才执行检查测量镜面高度。

5. 检查缓冲支柱，确认无明显划伤、内筒镜面无渗漏（见图 3-4-11）。

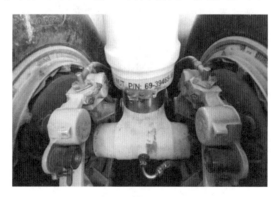

图 3-4-11　缓冲支柱及镜面

（三）右轮舱区域检查

1. 检查起落架和轮舱内各液压管路与部件，确认无漏油现象、无明显损伤（见图 3-4-12）。

（a）起落架各液压管路和部件

（b）起落架舱内各部件

（c）起落架舱内各液压管路

图 3-4-12　起落架和轮舱内各液压管路和部件

2. 确认各邻近电门、导线和线管在位、完好（见图 3-4-13）。

3. 确认 B 系统回油滤堵塞指示器未弹出（见图 3-4-14）。

图 3-4-13　邻近电门、导线和线管

图 3-4-14　B 系统回油滤堵塞指示器

4. 确认 AB 系统液压油箱上油量表的指针在"RF"和"F"之间（见图 3-4-15）。

图 3-4-15　AB 系统液压油箱上油量表的指针

5.检查主轮舱内各可见的操纵钢索，确认无明显的断丝、断股现象。确认主轮舱内的照明灯工作正常且灯罩无破裂（见图3-4-16）。

图3-4-16　操纵钢索、照明灯

三、收尾

（1）清点工具。

（2）恢复工作现场。

（3）恢复飞机状态。

（4）确保维修工作单卡、飞行记录本等维修记录已完成签署。

（5）归还工具设备。

（6）器材回仓。

（7）将维修工作单卡等维修记录反馈给相关部门。

🔍 任务提示

一、引导文

（1）了解飞机右大翼和右轮舱区域检查的准备事项。

（2）掌握飞机右大翼和右轮舱区域检查的操作流程。

（3）熟悉飞机右大翼和右轮舱区域检查的工作规范。

二、工作方法

（1）查阅手册后回答引导问题，可以使用的材料有手册、网络资源等。

（2）以小组讨论的形式完成工作计划。

（3）按照工作计划，完成维修工作单卡的填写与右大翼和右轮舱区域检查的任务，对于计划中未考虑的问题，请先尽量自行解决，如果无法解决再与培训教师进行讨论。

（4）与教师讨论，进行工作总结。

三、工作内容

（1）分析打印维修工作单卡，拟订测量计划。

（2）工具、耗材的选择。

（3）右大翼和右轮舱区域检查的过程。

（4）工具、设备、现场"6S"。

（5）右大翼和右轮舱区域检查的标准。

四、知识储备

（1）右大翼和右轮舱区域检查工具的借用。

（2）主起落架内筒镜面检查内容。

（3）查询相关维修手册的能力。

（4）右大翼和右轮舱区域检查异常情况处置。

（5）右大翼和右轮舱区域检查的技术标准。

五、注意事项与工作提示

（1）本示例介绍飞机右大翼和右轮舱区域检查，请依据机型维修手册要求完成右大翼和右轮舱区域检查。

（2）实训时穿戴好鞋服。

（3）检查过程中不准随意扳动与该项目无关的内容。

（4）对于油液喷射或油液污染需及时处理。

（5）检查结束后不准遗留工具到轮舱区域。

（6）轮舱区域检查时，应带好手电筒，防止磕伤。

六、劳动安全

（1）未安装起落架安装销，起落架可能会意外收起，造成人员伤亡和设备损坏。

（2）工量具轻拿轻放，正确测量和使用工量具。

（3）带好防护用具，防止相关废油液进入眼睛。

七、环境保护

（1）参照飞机维护手册相应章节的内容。

（2）飞机应停放在规定位置。

（3）相关废油液及时清理。

⚙ 工作过程

一、任务咨询

（一）学习任务

1.查阅相关资料，描述飞机机翼下表面和翼尖小翼检查内容。

_____

_____

2.查阅相关资料，说明飞机前缘襟翼、缝翼、副翼等检查标准。

（二）查询任务

1.在哪里可以找到缓冲支柱所充油液的标准规格？（   ）

A.机务通告   B.飞行记录本

C.在缓冲支柱的标牌上   D.民用航空条例内

2.在什么情况下应该更换刹车组件？

3.液压系统回油滤压差指示器弹出时是什么颜色？

4.目视检查 _____ 应无油液积存现象，目视检查轮舱前后壁板、顶板无油液喷射痕迹。若发现轮舱区域地面、短舱、龙骨梁上表面有油液积存或油液喷射痕迹，应当马上检查渗漏来源，_____ 。

二、任务计划

（一）查询工作

查询手册，制定本任务工序卡，在表3-4-1中表述你的工序。

表3-4-1 右大翼和右轮舱区域检查的工序卡

序号	区域	工作步骤	工具/设备	时间

表 3-4-1（续）

序号	区域	工作步骤	工具／设备	时间
签字		校对		审核
日期				

（二）记录工作

完成检查该区域需要的设备、工具记录表 3-4-2。

表 3-4-2　右大翼和右轮舱区域检查需要的设备、工具清单

序号	名称	型号	数量	用途	备注
1					
2					
3					
4					
5					
6					
7					
8					
9					

（三）判断

液压油箱油量添加标准有哪些？

_____

_____

_____

三、任务决策

（一）学习任务

实训前，进行关键技术方面的检查、决策，按表 3-4-3 要点执行。

表 3-4-3 决策要素

序号	决策点	请决策	
1	起落架安全销是否插好	是〇	否〇
2	紧固件是否松动	是〇	否〇
3	是否有漏油痕迹	是〇	否〇
4	蒙皮是否损伤	是〇	否〇
5	维修手册是否已查询	是〇	否〇
6	轮胎气压是否符合规定	是〇	否〇
7	保险是否断裂	是〇	否〇
8	劳动保护是否达到要求	是〇	否〇
9	是否征求了教师的意见	是〇	否〇

（二）对比任务

与教师制订的工作方案对比，进行决策分析。

四、任务实施

（一）学习任务

为了工作的精益化，填写检查过程记录表 3-4-4，方便日后总结。

表 3-4-4 右大翼和右轮舱区域检查过程记录

事项	属于精益调整	属于正常操作	用时 /min
工具准备		完成规范操作且符合要求	5
安装起落架安全销			
前缘缝翼与前缘襟翼检查			
机翼下表面油液部分无渗漏			
机翼下表面释压阀门闭合			
机翼相关灯无破裂			
顶部导航 / 通信系统在位			
检查主起落架门无明显损伤			
检查轮胎无磨损及扎伤			
刹车指示销最小伸出量			
符合标准			

（二）实训任务

1. 检查油气式缓冲支柱内油量的方法是（　　）。

A. 测量缓冲支柱的伸出长度

B. 拆下上部的灌充嘴，插入一个油量尺

C. 检查空气压力是否正常

D. 放掉充气把内筒压入到底，观察油液是否与上部灌充嘴齐平

2. 轮舱液压油量指示表内有液压油存在时，应该怎么处置？

3. 目视检查起落架左右缓冲支柱，伸出量不一致有什么危害吗？

（三）巩固任务

右机翼外表、副翼、襟翼检查内容有哪些？

五、任务检查

（一）检查工作

进行完工检查，检查结果记录在之前制定的质量检查记录表中，对不符合要求的质量缺陷，完成表 3-4-5，并分析原因，制定措施。

表 3-4-5　质量分析记录表

右大翼与右轮舱区域检查			时间	
序号	质量要求	实际状况	差错分析	整改措施
1	前设备舱门无明显损伤			
2	外部电源面板，插座及销钉确认完好			
3	前货舱货网、系留装置无明显损伤			
4	勤务口盖及勤务门无明显损伤			
5	机组氧气热释片在位			

（二）学习任务

检查自己的工作计划，完善表 3-4-6，判断完成的情况。

表 3-4-6　计划完成情况检查表

检查项目	检查结果			完善点	其他
工时执行					
"6S" 执行					
质量成果					
学习投入					
获取知识					
技能水平					
安全、环保					
设备使用					
突发事件					

六、任务评价

（一）技能评价

"右大翼与右轮舱区域检查"由评价人设定右大翼与右轮舱区域检查的操作流程，依据结果评定等级（1~10 级），见表 3-4-7。

表 3-4-7　任务完成情况检查表

类型	评价因子	学生自查		教师评价		
		是	否	是	否	评分等级
综合能力测评 （组内互评）	按时到课					
	工装整齐					
	书、笔齐					
	主动探索					
	服从分配					

表 3-4-7（续）

类型	评价因子	学生自查		教师评价		
		是	否	是	否	评分等级
综合能力测评 （组内互评）	自觉学习					
	团结互助					
	小组合作					
	A					
专业能力测评 （组间互评）	部件裂纹					
	导管磨损					
	油液渗漏					
	有多余物					
	紧固件脱落					
	保险断裂					
	蒙皮损伤					
	参数合规					
	B					

（二）工作页评价

完善工作页评价表 3-4-8。

表 3-4-8　工作页评价表

序号	内容	过程评价			权重	合计
		总分	被复查的任务数	百分制成绩		
1	咨询				0.2	
2	计划				0.2	
3	决策				0.05	
4	实施				0.4	
5	检查				0.15	
工作页成绩 = （工作页评分每项最高 100 分）						C

（三）项目总成绩

完成成绩汇总表 3-4-9。

表 3-4-9　项目总成绩计算表

序号	项目工作的内容	成绩转填		权重	中间成绩
1	技能评价	（A+B）/2		0.7	
2	工作页评价	C		0.3	

表 3-4-9（续）

序号	项目工作的内容	成绩转填	权重	中间成绩
		总分：		D
		评价：		

序号	评价	分数段 / 分
1	非常好	91~100
2	好	81~90
3	满意	71~80
4	足够	60~70
5	有缺陷	30~59
6	未掌握	0~29

总结与提高

一、汇总分析

（1）通过本次学习，我学到的知识点 / 技能点有：_____

_____

_____

不理解的有：_____

_____

_____

（2）我认为在以下方面还需要深入学习并提升岗位能力，并将自己的评价分数（百分制）标在下图中。

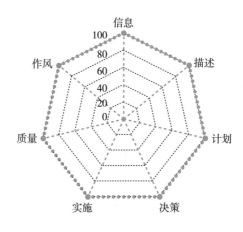

二、他山之石

小组成员评语：_____

_____

_____

教师评语：

模块三

绕机检查

机身后段和
尾部检查

项目五　飞机后段机身和尾部区域检查

班级：_____　姓名：_____　学号：_____　日期：_____　测评等级：_____

有关说明：

　　本项目的实施方案依据《航空器维修基础知识和实作培训规范》编写，适用于指导学生完成学习任务；同时，可作为抽查学习成果和检查学习过程的参考资料。

📝 工作描述

工作任务	飞机后段机身和尾部区域检查	教学模式	任务驱动和行动导向
建议学时	2 学时	教学地点	一体化教室
任务描述	依据飞机维护手册的要求，进行飞机后段机身和尾部区域的检查，并填写检查记录本，保证飞机后段机身和尾部区域的检查符合放行要求。 飞机后段机身和尾部区域结构最为复杂，其外形为双曲收缩构型，布置有客舱、货舱、设备舱、厨房、舷窗、客舱门、货舱门等，其结构特点使得后机身和尾部区域的检查和维修难度大大提高。开展后段机身和尾部区域检查工作之前，必须对后段机身和尾部区域的检查标准有基本了解，这样在实践工作中才能关注到每个细节，提高飞机维护质量。本项目的知识点包含后段机身和尾部区域检查的准备事项、操作步骤和收尾工作等，掌握本项目的内容可为顺利开展飞机绕机检查工作奠定理论基础		
学习目标	知识目标	1. 了解后机身蒙皮（含舱门蒙皮、盖板）、客舱窗户检查标准。 2. 描述水平安定面和垂直安定面的检查内容。 3. 知道天线（含 VHF1、固定式 ELT、DME2、VHF2）的检查标准。 4. 描述后外流阀门、正压安全释压阀门、负压安全阀门、APU 进气折流门的检查标准。 5. 确定 APU 余油排放竖管外观正常，无外来物损伤，无滴漏。 6. 根据飞机维护手册查阅相应检查内容。 7. 熟悉登机门外部区域和货舱门检查内容。 8. 描述飞机尾部区域检查时安全操作规程和个人防护。 9. 描述飞机后段机身和尾部区域的检查步骤	
	能力目标	1. 能了解后机身可见蒙皮，客舱窗户检查标准。 2. 能描述水平安定面和垂直安定面的检查内容。 3. 能掌握天线（含 VHF1、固定式 ELT、DME2、VHF2）的检查标准。	

（续）

学习目标	能力目标	4. 能根据飞机维护手册查阅相应检查内容。 5. 能熟悉登机门外部区域和货舱门检查内容。 6. 能描述飞机后段机身和尾部区域的检查步骤。 7. 能做好飞机尾部区域检查时的个人防护。 8. 能做好工作现场的"6S"管理以及持续改善。 9. 能按计划实施操作	
	素质目标	1. 具有爱岗敬业、诚实守信、遵章守纪的良好职业道德。 2. 具备严谨规范、精益求精、吃苦耐劳的优良品质。 3. 具备团队协作、人际沟通良好的社会交往能力。 4. 具备从事本专业工作的安全防护、安全文明生产和环境保护等意识。 5. 具备"航空报国、追求卓越"的职业素养	
学习准备	维修工作单	AMM 05-51-32；AMM 32-41-51； AMM 52-05-03；AMM 55-05-03； AMM 32-71-00/601；AMM 49-16-11-200-801	
	工具设备	手套、抹布、工具盘、手电	
	人员分组	小组人员岗位由组长分配	
	工作岗位	时段一	时段二
	班组长		
	操作人员		
	辅助人员		
	安全监督		
	质量检验		
	"6S"管理		
重、难点	重点	飞机后段机身和尾部区域检查的技术标准	
	难点	飞机后段机身和尾部区域检查的技术标准	

知识链接

一、接受维修任务

（1）领取飞机后段机身和尾部区域检查记录本或打印维修工作单卡。

（2）领用工具设备、器材、手套、抹布、工具盘和手电（按需）。

二、操作流程

（一）右侧后段机身区域检查

1. 从地面检查机身蒙皮外表，确认无明显掉漆、划伤、隆起等损伤（见图 3-5-1）。送飞机时的外部检查应重点检查货舱门手柄是否正确在位。

2. 确认后外流阀门在开位，且无明显损伤和外来物（见图 3-5-2）。

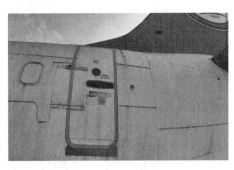

图 3-5-1　右侧后段机身蒙皮　　　　　　　　　图 3-5-2　后外流阀门

3. 确认两个正压释压阀门在位且无明显损伤，确认负压释压阀门在位且无明显损伤（见图 3-5-3）。

图 3-5-3　正压释压阀门和负压释压阀门

（二）飞机尾部区域检查

1. 确认 APU 舱门、进气门应完好、无明显损伤（见图 3-5-4）。若 APU 停止使用，进气门应关闭。

2. 检查 APU 余油口，确认无油液渗漏（见图 3-5-5）。

图 3-5-4　APU 舱门、进气门　　　　　　　　　图 3-5-5　APU 余油口

3. 从地面检查水平和垂直安定面、方向舵、升降舵及调整片，确认无明显损伤和油液渗漏；检查机尾频闪灯的灯罩，确认无破裂（见图 3-5-6）。

4. 确认飞机尾部区域的静电放电刷在位、无明显损伤（见图 3-5-7）。

图 3-5-6　水平和垂直安定面、方向舵、升降舵及调整片

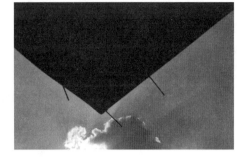

图 3-5-7　飞机尾部区域的静电放电刷

5. 确认升降舵感觉计算机左右皮托管在位（见图 3-5-8）。

图 3-5-8　皮托管

（三）左侧后段机身区域检查

1. 确认饮用水勤务口盖应盖上并锁好，无水渗漏（见图 3-5-9）。注释：如果冬季飞机需要放水，加水活门在打开位，此时该盖板是无法关闭的。

2. 检查登机门外部区域，确认无明显损伤；从地面检查机身蒙皮外表，确认无明显掉漆、划伤、隆起等损伤（见图 3-5-10）。

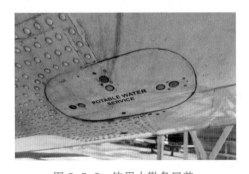

图 3-5-9　饮用水勤务口盖

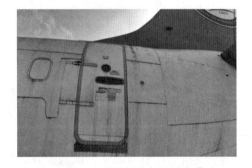

图 3-5-10　登机门外部区域和蒙皮

三、收尾

（1）清点工具。

（2）恢复工作现场。

（3）恢复飞机状态。

（4）确保维修工作单卡、飞行记录本等维修记录已完成签署。

（5）归还工具设备。

（6）器材回仓。

（7）将维修工作单卡等维修记录反馈给相关部门。

🔍 任务提示

一、引导文

（1）了解飞机后段机身和尾部区域检查的准备事项。

（2）掌握飞机后段机身和尾部区域检查的操作流程。

（3）熟悉飞机后段机身和尾部区域检查的工作规范。

二、工作方法

（1）查阅手册后回答引导问题，可以使用的材料有手册、网络资源等。

（2）以小组讨论的形式完成工作计划。

（3）按照工作计划，完成飞机后段机身和尾部区域检查的任务，对于计划中未考虑的问题，请先尽量自行解决，如果无法解决再与培训教师进行讨论。

（4）与教师讨论，进行工作总结。

三、工作内容

（1）分析打印维修工作单卡，拟订测量计划。

（2）工具、耗材的选择。

（3）飞机后段机身和尾部区域检查标准的查询。

（4）工具、设备、现场"6S"管理。

（5）飞机后段机身和尾部区域的检查。

四、知识储备

（1）飞机后段机身和尾部区域检查工具的借用。

（2）飞机后段机身和尾部区域检查的质量分析。

（3）飞机后段机身和尾部区域检查相关手册查询。

（4）飞机后段机身和尾部区域检查异常情况处置。

（5）飞机后段机身和尾部区域检查的技术标准。

五、注意事项与工作提示

（1）本示例介绍飞机后段机身和尾部区域检查，请依据机型维修手册要求完成。

（2）实训时穿戴好鞋服。

六、劳动安全

（1）未安装起落架安装销，起落架可能会意外收起，造成人员伤亡和设备损坏。

（2）工量具轻拿轻放，正确测量和使用工量具。

（3）飞机尾部区域检查时，防止高处踩空和高处坠物。

七、环境保护

（1）参照飞机维护手册相应章节的内容。

（2）飞机应停放在规定位置。

（3）异常油液渗漏需要得到特别注意。

工作过程

一、任务咨询

（一）学习任务

1. 查阅相关资料，描述飞机尾部区域的静电放电刷位置及个数。

2. 查阅相关资料，说明冬季饮用水勤务盖板检查注意事项。

（二）查询任务

1. 检查水平尾翼和垂直尾翼，需要检查什么内容？（ ）

A. 水平尾翼固定螺栓的保险是否牢靠　　　B. 各窗口盖固定是否完好

C. 方向舵修正片应完好　　　　　　　　　D. 以上都是

2. 飞机右后机身区域检查内容包括什么？

3. 飞机左后机身区域检查的标准是什么？

二、任务计划

（一）查询工作

查询手册，制定本任务工序卡，在表 3-5-1 中表述你的工序。

表 3-5-1　飞机后段机身和尾部区域检查的工序卡

序号	区域	工作步骤	工具 / 设备	时间
签字		校对		审核
日期				

（二）记录工作

完成检查该区域需要的设备、工具记录表 3-5-2。

表 3-5-2　飞机后段机身和尾部区域检查需要的设备、工具清单

序号	名称	型号	数量	用途	备注
1					
2					
3					
4					
5					
6					
7					
8					
9					

（三）判断

若 APU 余油排放竖管发现有油液滴漏，应立即停飞。（　　　）

理由：_____

_____

三、任务决策

（一）学习任务

实训前，进行关键技术方面的检查、决策，按表 3-5-3 要点执行。

表 3-5-3　决策要素

序号	决策点	请决策	
1	工序是否完整、科学	是○	否○
2	紧固件是否松动	是○	否○
3	是否有漏油痕迹	是○	否○
4	蒙皮是否损伤	是○	否○
5	维修手册是否已查询	是○	否○
6	正、负活门是否堵塞	是○	否○
7	各种盖板是否盖好	是○	否○
8	劳动保护是否达到要求	是○	否○
9	是否征求了教师的意见	是○	否○

（二）对比任务

与教师制订的工作方案对比，进行决策分析。

_____

_____

四、任务实施

（一）学习任务

为了工作的精益化，填写检查过程记录表 3-5-4，方便日后总结。

表 3-5-4　飞机后段机身和尾部区域检查过程记录

事项	属于精益调整	属于正常操作	用时 /min
工具准备		完成规范操作且符合要求	5
安装起落架安全销			
检查后段机身蒙皮外表			
确认后外流阀门在开位			
正压释压阀门在位且无损伤			
APU 灭火释放指示片在位			
APU 舱门、进气门完好			

表 3-5-4（续）

事项	属于精益调整	属于正常操作	用时 /min
APU 余油口无油液渗漏			
检查水平和垂直安定面、方向舵、升降舵及调整片			
确认饮用水勤务口盖盖上			

（二）实训任务

1. 飞机机尾下部天线检查，以下哪项是不符合标准的？（　　　）

A. 安装牢固　　　　　　　　　B. 外观正常

C. 封严状况良好　　　　　　　D. 底座有起泡现象

2. 从哪些地方可以接近电子舱？（　　　）

A. 只有地面　　　　　　　　　B. 驾驶舱和地面

C. 前货舱和地面　　　　　　　D. 驾驶舱、前货舱和地面

3. 确定后舱门部件名称及位置，并掌握。

_____

_____

_____

（三）巩固任务

对于波音 737-300 飞机尾橇绿色指示片在位的情况下，机尾是否有擦地风险？

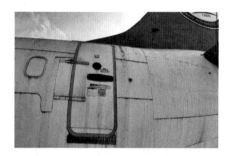

_____

_____

_____

五、任务检查

（一）检查工作

进行完工检查，检查结果记录在之前制定的质量检查记录表中，对不符合要求的质量缺陷，完成表 3-5-5，并分析原因，制定措施。

表 3-5-5　质量分析记录表

飞机后段机身和尾部区域检查			时间	
序号	质量要求	实际状况	差错分析	整改措施
1	后段机身蒙皮外表无异常			
2	后外流阀门在开位			
3	正压释压阀门在位且无损伤			
4	APU 余油口无油液渗漏			
5	饮用水勤务口盖盖上			

（二）学习任务

检查自己的工作计划，完善表 3-5-6，判断完成的情况。

表 3-5-6　计划完成情况检查表

检查项目	检查结果		完善点	其他
工时执行				
"6S" 执行				
质量成果				
学习投入				
获取知识				
技能水平				
安全、环保				
设备使用				
突发事件				

六、任务评价

（一）技能评价

"飞机后段机身和尾部区域检查"由评价人设定后段机身和尾部区域检查的操作流程，依据结果评定等级（1~10 级），见表 3-5-7。

表 3-5-7　任务完成情况检查表

类型	评价因子	学生自查		教师评价		
		是	否	是	否	评分等级
综合能力测评（组内互评）	按时到课					
	工装整齐					
	书、笔齐					
	主动探索					
	服从分配					
	自觉学习					

表 3-5-7（续）

类型	评价因子	学生自查		教师评价		
		是	否	是	否	评分等级
综合能力测评（组内互评）	团结互助					
	小组合作					
	A					
专业能力测评（组间互评）	部件裂纹					
	导管磨损					
	油液渗漏					
	有多余物					
	紧固件脱落					
	保险断裂					
	蒙皮损伤					
	参数合规					
	B					

（二）工作页评价

完善工作页评价表 3-5-8。

表 3-5-8　工作页评价表

序号	内容	过程评价			权重	合计
		总分	被复查的任务数	百分制成绩		
1	咨询				0.2	
2	计划				0.2	
3	决策				0.05	
4	实施				0.4	
5	检查				0.15	
工作页成绩 =（工作页评分每项最高 100 分）						C

（三）项目总成绩

完成成绩汇总表 3-5-9。

表 3-5-9　项目总成绩计算表

序号	项目工作的内容	成绩转填	权重	中间成绩
1	技能评价	（A+B）/2	0.7	
2	工作页评价	C	0.3	

表 3-5-9（续）

序号	项目工作的内容	成绩转填		权重	中间成绩
序号	评价	分数段/分	总分：		D
1	非常好	91~100			
2	好	81~90			
3	满意	71~80	评价：		
4	足够	60~70			
5	有缺陷	30~59			
6	未掌握	0~29			

总结与提高

一、汇总分析

（1）通过本次学习，我学到的知识点/技能点有：_____

_____

_____

不理解的有：_____

_____

_____

（2）我认为在以下方面还需要深入学习并提升岗位能力，并将自己的评价分数（百分制）标在下图中。

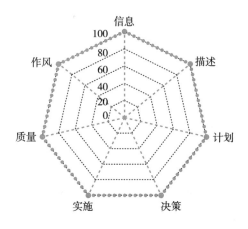

二、他山之石

小组成员评语：_____

_____

_____

模块三

绕机检查

教师评语：

项目六　驾驶舱检查

班级：_____　　姓名：_____　　学号：_____　　日期：_____　　测评等级：_____

有关说明：

　　本项目的实施方案依据《航空器维修基础知识和实作培训规范》编写，适用于指导学生完成学习任务；同时，可作为抽查学习成果和检查学习过程的参考资料。

📝 工作描述

工作任务	驾驶舱检查	教学模式	任务驱动和行动导向
建议学时	2学时	教学地点	一体化教室
任务描述	飞机在停放中，要受到自然条件的有害影响，在飞行中，各系统部件要受到温度、振动和空气动力等作用，可能产生故障和缺陷，使飞机的性能发生变化。因此，驾驶舱检查的目的，在于及时发现飞机的故障和缺陷，以便排除，使飞机恢复良好可用状态。所以，掌握检查飞机的内容和方法，是对机务的基本要求。要熟悉检查内容，掌握检查方法，能发现飞机的故障和缺陷。 		
学习目标	知识目标	1. 掌握飞机驾驶舱检查的准备事项。 2. 掌握飞机驾驶舱检查的操作方法。 3. 掌握飞机驾驶舱检查的注意事项。 4. 理解飞机驾驶舱电源系统及警告灯检查标准。 5. 理解飞机驾驶舱相关面板及机载资料检查标准。 6. 理解驾驶舱检查的工作卡片签写。 7. 熟悉驾驶舱相关部件的名称及功用。 8. 识别检查过程相关注意事项	
	能力目标	1. 能准备飞机驾驶舱检查的工具设备和资料。 2. 能熟练运用本专业的各种工具设备开展驾驶舱检查工作。 3. 能排除驾驶舱检查工作中的安全隐患。 4. 能理解飞机驾驶舱电源系统及警告灯检查标准。 5. 能理解飞机驾驶舱相关面板及机载资料检查标准。 6. 能签写驾驶舱检查的工作卡片。 7. 能描述驾驶舱相关部件名称及功用。	

（续）

学习目标	能力目标	8.能做好工作现场的"6S"管理以及持续改善。 9.能识别检查过程相关注意事项。 10.能按计划实施操作
	素质目标	1.具有爱岗敬业、诚实守信、遵章守纪的良好职业道德。 2.具备严谨规范、精益求精、吃苦耐劳的优良品质。 3.具备团队协作、人际沟通良好的社会交往能力。 4.具备从事本专业工作的安全防护、安全文明生产和环境保护等意识。 5.具备"航空报国、追求卓越"的职业素养
学习准备	维修工作单	AMM 24-00-00；AMM 24-22-00；AMM 27-62-00； AMM 28-22-11：AMM 31-52-00：AMM32-42-00； AMM 49-00-00：AMM 78-36-00：AMM 80-00-00： AMM 12-25-21-210-801-001；AMM 73-21-00-501； AMM 24-34-00-710-802；AMM 25-11-00-200-801； AMM 25-11-00-200-802；AMM 26-10-00-710-801； AMM 26-16-00-710-801；AMM 27-41-00-700-803； AMM 27-88-00-710-801；AMM 33-18-00-710-802； AMM 33-51-00-710-801；AMM 49-11-00-860-801； AMM 56-11-00-601；AMM 56-11-11-601； AMM 56-11-21-601；AMM 56-12-11-601
	工具设备	手套、抹布、工具盘、手电（按需）
	人员分组	小组人员岗位由组长分配
	工作岗位	时段一 / 时段二
	班组长	
	操作人员	
	辅助人员	
	安全监督	
	质量检验	
	"6S"管理	
重、难点	重点	驾驶舱检查的技术标准、路线
	难点	驾驶舱部件、开关、电门的识别

知识链接

一、接受维修任务

（1）领取数据测试及记录本或打印维修工作单卡。

（2）领用工具设备、器材、手套、抹布、工具盘和手电（按需）。

二、检查标准

（1）确认气象雷达关断，并将工作方式置于"TEST"位（见图3-6-1）。注释：对于有专用雷达显示屏PPI的飞机，将方式选择电门放在"OFF"位。

图3-6-1　气象雷达的工作方式在"TEST"

（2）校准左右惯导，如图3-6-2所示。

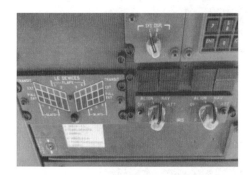

图3-6-2　校准惯导

（3）确认P5板上的皮托管加温电门在"OFF"位，如图3-6-3所示。

（4）确认各电子系统控制面板上的电门在正确位置（见图3-6-4），将CDU、EADI和EHSI的亮度调至最暗。

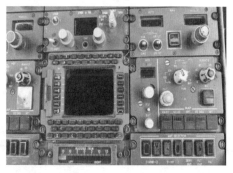

图3-6-3　皮托管加温电门　　　　图3-6-4　电子系统控制面板上的电门

（5）确认P5板上EQUIP COOLING的两个电门在正常位时OFF灯不亮；再将这两个电门扳至备用位，确认OFF灯不亮；最后将两个电门放置在备用位（见图3-6-5）。

图 3-6-5　EQUIP COOLING 的两个电门

（6）按下 P5 板上的 CVR TEST 按钮，确认 STATUS 灯亮或控制刻度盘上的指针指示在绿区（见图 3-6-6）。

图 3-6-6　STATUS 灯亮或控制刻度盘上的指针指示在绿区

（7）将 FDR 测试电门扳至测试位时，确认 OFF 灯熄灭（见图 3-6-7）；后将电门扳回正常位并扣好保护盖。

图 3-6-7　FDR 灯

（8）操作检查驾驶舱话音记录器，确保其工作正常（耳机插孔见图 3-6-8）。

图 3-6-8　耳机插孔

（9）进入主电子设备舱，更换 PC 卡适配器里的 CF 卡（在 CF 卡标签上写上飞机号，同时检查换下的 CF 卡标签上的飞机号与实际飞机号相符，若不符，应予以纠正)。

注释：

a. 飞机因故障、天气或其他原因在外站机场过夜时，不要求更换 CF 卡；

b. 按住 PC 卡适配器边缘只拔出 CF 卡，勿拔出 PC 卡适配器；

c. 正确插拔 CF 卡时防止插槽损坏或销钉弯曲导致 QAR 数据记录失败；

d. 为避免数据丢失，应在发动机关车至少 5min 后，再取下装机 CF 卡；

e. 插入 CF 卡到 PC 卡适配器里，检查安装到位，确认 DFDAU 相关页面显示 "recorder ready" 才表明安装成功，最后退出初始页面。

（10）检查仪表，确认无故障旗。

（11）将机长、副驾驶和观察员音频选择板上的麦克风选择按钮调至"勤务内话"位（见图 3-6-9）。

（12）按压左右驾驶盘上 PTT 开关（见图 3-6-10），确认无明显卡阻且能自动弹回"OFF"位。

图 3-6-9 "勤务内话"位   图 3-6-10 驾驶盘上 PTT 开关

（13）确认 P6、P18 板所有跳开关闭合（见图 3-6-11，用固定夹固定的除外）。

图 3-6-11 P6、P18 板

（14）按压测试 TCAS（见图 3-6-12），确保其测试通过。

（15）对安装有打印机的飞机，检查打印机状态正常（见图 3-6-13），并确认副驾驶座椅背后的储物袋内配有两卷打印纸。

图 3-6-12　TCAS 测试

图 3-6-13　检查打印机按钮

（16）将两部惯导方式选择电门放置在"OFF"位（见图 3-6-14）。

（17）清洁驾驶舱（必要时用吸尘器）。

（18）确认通过前起落架观察窗能清晰看到放下锁好标志，视情清洁观察窗（见图 3-6-15）。

图 3-6-14　惯导方式选择电门

图 3-6-15　前起落架观察窗

（19）检查 AB 系统液压油量指示（见图 3-6-16）。若低于 90%，则需要加油，并在 TLB 上填写所加的液压油量。

（20）确认刹车储压器预充压力在正常范围内（见图 3-6-17）。

图 3-6-16　液压油量指示

图 3-6-17　刹车储压器压力范围

（21）关车后 5~30min 检查左 / 右发动机滑油量（见图 3-6-18）。

若低于 90%，则加油至 90% 以上，并在 FLB 上填写所加的滑油量。添加滑油后，需确认滑油箱加油口盖盖好，滑油勤务盖板关闭。

（22）检查风挡（见图 3-6-19）。

a. 确认风挡玻璃无明显损伤、无裂纹和过热迹象、密封胶完好；

b. 确认雨刷在位无明显损伤；

c. 确认 2 号活动风挡开关正常。

图 3-6-18　滑油量指示

图 3-6-19　风挡

（23）对于在 2 号和 3 号风挡上安装有遮光帘的飞机：操作检查遮光帘工作使用正常，视情使用中性清洁液或乙醇类清洁剂对遮光帘外表面污染部位进行清洁。当遮光帘褶皱面积超过总面积的 60% 时，更换遮光帘。

（24）确认机组座椅、安全带等设备的状态良好（见图 3-6-20），操纵机构正常灵活。

（25）确认备用灯泡盒内的灯泡齐全（见图 3-6-21）。

图 3-6-20　座椅及安全带

图 3-6-21　备用灯泡

（26）确认机上滑油量不少于 6Usqt[①]（罐），液压油不少于 2Usgal[②]（桶），不足补齐。

（27）确认电瓶电压不低于 24V（见图 3-6-22），实测值：＿＿＿＿＿ V，操作检查备用电源系统。

（28）对于波音 737-300，机组氧气压力值不低于 1100psi（见图 3-6-23）；对于波音 737-400，机组氧气压力值不低于 1000psi。实际值为 ＿＿＿＿＿ psi。

（29）确认火警探测系统测试正常，如图 3-6-24 所示。

（30）操作检查货舱烟雾探测系统 (在驾驶舱通过按压控制面板按钮进行测试检查，见图 3-6-25)，要求包括主货舱和下货舱两个测试面板。

---

① 1Usqt（夸脱）≈ 0.946L。

② 1Usgal（加仑）≈ 3.785L。

图 3-6-22　电瓶电压范围

图 3-6-23　氧气压力范围

图 3-6-24　火警测试电门

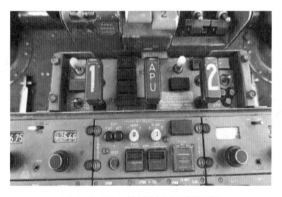

图 3-6-25　按压控制面板按钮

（31）将爆炸帽测试电门 EXT TEST（见图 3-6-26）扳到 1 位，确认 L、R 和 APU 绿灯亮，释放 EXT TEST 电门，确认灯灭。

将爆炸帽测试电门 EXT TEST 扳到 2 位，确认 L、R 和 APU 绿灯亮，释放 EXT TEST 电门，确认灯灭。

（32）确认 P5 板各电门位置正确，带红色保护盖的电门保险丝完好（见图 3-6-27）。

（33）将 P1 板的主明暗灯光测试电门 LIGHTS 扳到 TEST 位（见图 3-6-28），确认所有系统的指示灯光、MASTER CAUTION 灯正常发亮。

（34）操作检查驾驶舱和仪表板照明灯，确认所有灯光工作良好（控制电门见图 3-6-29）。

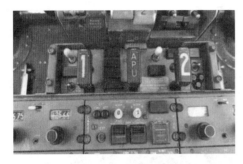

图 3-6-26　爆炸帽测试电门

图 3-6-27　红色保护盖的电门保险丝

图 3-6-28　P1 板的主明暗灯光测试电门

（a）P5 板和跳开关照明灯光控制电门　　　　　　　（b）P1~P3 板灯光控制电门

图 3-6-29　控制电门

（35）将 P5 板的应急灯电门扳到 ON 位（见图 3-6-30），确认所有的应急灯工作正常，灯罩无破损和丢失，然后将电门放到 OFF 位。

图 3-6-30　P5 板的应急灯电门

（36）检查确认驾驶舱门开关自如（操作电门见图3-6-31）。

图3-6-31　驾驶舱门开关操作电门

（37）在后缘襟翼收上的状态下，按压并保持P5板上的STALL WARNING TEST NO.1、NO.2（见图3-6-32），确认机长侧（副驾侧）抖杆马达工作正常。

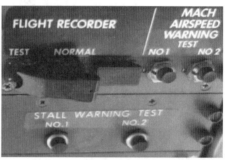

图3-6-32　P5板上的STALL WARNING TEST NO.1、NO.2电门

（38）操作检查所有外部灯光工作正常（各电门见图3-6-33），包括滑行灯、着陆灯（可收放、固定）、转弯灯、机翼照明灯、航行灯、LOGO灯、翼尖及机尾频闪灯（如果安装）、机身上下防撞灯。

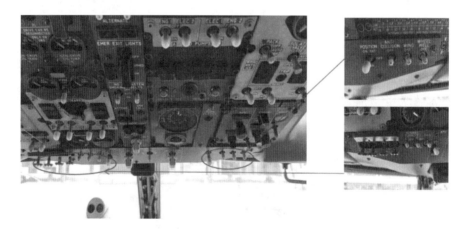

图3-6-33　外部灯光电门

（39）查阅"三证"原件在位、无破损和三证夹固定良好、外表无破损（见图3-6-34）。

图 3-6-34　"三证"和三证夹

（40）检查前登机门和前勤务门，确认门压力封严状况良好，应急滑梯气瓶压力指示在绿区，门观察窗红色标记带完好，拦门绳状况良好（见图 3-6-35）。

图 3-6-35　前登机门和前勤务门

（41）确认前登机门入口灯工作正常且灯罩完好无破损，前厨房工作灯及照明灯工作正常（见图 3-6-36）。

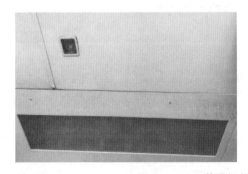

图 3-6-36　前登机门入口灯和前厨房工作灯

（42）确认前厨房状况良好，操作检查烧水杯、烤箱工作正常（烧水器见图 3-6-37）。检查烤箱内壁应无残留油脂，完成烤箱和烧水杯清洁工作。

图 3-6-37　烧水器

（43）检查前厕所，确认门上烟灰缸在位且安装良好；厕所门内外两侧和废物箱口盖附近的禁烟标识牌安装良好；厕所灭火瓶指示片未变黑；马桶盖能直立在打开位，座垫无断裂、裂纹等损伤（见图 3-6-38）。

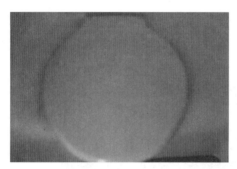

图 3-6-38　马桶和烟灰缸

（44）操作检查前厕所冲水马达，确认工作正常。在厕所马桶内添加适量的飞机卫生剂。确认前厕所照明灯光工作正常（见图 3-6-39）。

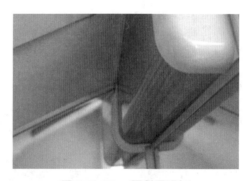

图 3-6-39　厕所照明灯

（45）检查附录 2《737 驾驶舱设备位置及数量清单》中列出的设备，确认其有效、在位，应急设备对应指示标牌完好在位。

注释：如果应急设备有效期即将过期，需提前 10 天向 MCC 汇报。

（46）检查机上《驾驶舱散放物品标准化检查单》中列出的散放物品，确认其在正确位置。

（47）确认 FLB TLB 记录本至少两本在位。

查阅 TLB 上记录的故障，进行处理并签字。确认 TLB 内的故障保留以及缺损推迟的数量和 TLB 首页清单上记录的数量一致，并且故障保留与缺损推迟的保留期限未超期。

（48）航后结束后，设置停留刹车（见图 3-6-40）。

图 3-6-40　停留刹车手柄

三、收尾

（1）清点工具。

（2）恢复工作现场。

（3）恢复飞机状态。

（4）确保维修工作单卡、飞行记录本等维修记录已完成签署。

（5）归还工具设备。

（6）器材回仓。

（7）将维修工作单卡等维修记录反馈给相关部门。

四、驾驶舱检查的工作规范

（1）查看有无未解决的故障记录，以及记录本剩余页面是否够剩余航段使用；

（2）设备在位及其状态良好；

（3）安装牢固，压力批示在绿区，手柄保险正常，称重标签在位有效；

（4）确定全压管、全温探头、迎角传感器加温电门在关位；

（5）各面板上各灯工作正常，系统警告灯可以再现故障，主警告灯可以复位。

🔍 **任务提示**

一、引导文

（1）了解飞机驾驶舱检查的准备事项。

（2）掌握飞机驾驶舱检查的操作流程。

（3）熟悉飞机驾驶舱检查的工作规范。

二、工作方法

（1）查阅手册后回答引导问题，可以使用的材料有手册、网络资源等。

（2）以小组讨论的形式完成工作计划。

（3）按照工作计划，完成维修工作单卡的填写和驾驶舱检查的任务，对于计划中未考虑的问题，请先尽量自行解决，如果无法解决再与培训教师进行讨论。

（4）与教师讨论，进行工作总结。

三、工作内容

（1）分析打印维修工作单卡，拟订检查计划。

（2）工具、耗材的选择。

（3）驾驶舱检查。

（4）工具、设备、现场"6S"管理。

（5）驾驶舱检查后的总结记录。

四、知识储备

（1）驾驶舱检查工具的借用。

（2）驾驶舱检查的质量分析。

（3）驾驶舱检查相关手册查询。

（4）驾驶舱检查异常情况处置。

（5）驾驶舱各区域检验的技术标准。

五、注意事项与工作提示

（1）本示例介绍驾驶舱的检查，请依据机型维修手册要求完成驾驶舱的检查，严格遵守驾驶舱检查工作的安全规范。

（2）实训时穿戴好鞋服。

（3）检查过程中不准扳动无关的开关电门手柄。

（4）检查过程中不得弄脏相关面板。

（5）检查结束后不得遗留多余物品到驾驶舱。

六、劳动安全

（1）未安装起落架安装销，起落架可能会意外收起，造成人员伤亡和设备损坏。

（2）工量具轻拿轻放，正确测量和使用工量具。

（3）使用专用工具，防止发生其他危险事件。

（4）切记随意操作发动机起动手柄，有可能导致地面起动发动机，甚至损坏发动机。

七、环境保护

（1）参照飞机维护手册相应章节的内容。

（2）飞机应停放在规定位置。

（3）做好工作现场的"6S"管理以及持续改善。

⚙ 工作过程

一、任务咨询

（一）学习任务

1. 查阅相关资料，描述飞机驾驶舱风挡检查的标准。

_____

_____

2. 查阅相关资料，说明飞机"三证"分别是什么？

_____

_____

（二）查询任务

1. 通信系统由以下哪几部分组成？（   ）

A. 驾驶舱通信系统、客舱通信系统、驾驶舱语音记录器系统、TCAS

B. 驾驶舱通信系统、客舱通信系统、TCAS

C. 驾驶舱通信系统、客舱通信系统、驾驶舱语音记录器系统

D. ATC TCAS、DFDR、驾驶舱语音记录器系统

2. 备用电源操作检查（测试）内容包括哪些？

_____

_____

3. 操作检查音响警告组件时接通电源需满足哪些条件？

_____

_____

_____

二、任务计划

（一）查询工作

查询手册，制定本任务工序卡，在表3-6-1中表述你的工序。

表 3-6-1　驾驶舱检查的工序卡

序号	区域	工作步骤	工具 / 设备	时间
签字		校对		审核
日期				

（二）记录工作

完成检查该区域需要的设备、工具记录表 3-6-2。

表 3-6-2　驾驶舱检查需要的设备、工具清单

序号	名称	型号	数量	用途	备注
1					
2					
3					
4					
5					
6					
7					
8					
9					

（三）判断

对安装有打印机的飞机，检查打印机状态正常，并确认副驾驶座椅背后的储物袋内配有一卷打印纸。（　　　）

理由：_____

_____

_____

三、任务决策

（一）学习任务

工作前，进行关键技术方面的检查、决策，按表 3-6-3 要点执行。

表 3-6-3　决策要素

序号	决策点	请决策	
1	工序是否完整、科学	是○	否○
2	风挡玻璃是否干净	是○	否○
3	开关、电门、手柄是否在位	是○	否○
4	各种油量标准是否符合规定	是○	否○
5	氧气面罩是否在位	是○	否○
6	驾驶舱清洁是否良好	是○	否○
7	座椅是否调整好	是○	否○
8	劳动保护是否达到要求	是○	否○
9	是否征求了教师的意见	是○	否○

（二）对比任务

与教师制订的工作方案对比，进行决策分析。

四、任务实施

（一）学习任务

为了工作的精益化，填写检查过程记录表 3-6-4，方便日后总结。

表 3-6-4　飞机驾驶舱检查过程记录

事项	属于精益调整	属于正常操作	用时 /min
工具准备		完成规范操作且符合要求	5
安装起落架安全销			
气象雷达关断			
左右惯导校准			
皮托管加温电门在正确位置			
"OFF" 位			
各控制面板上的电门在正确位置			
……			

（二）实训任务

1. 如果发现控制面板区域有液体污染痕迹则执行以下工作（　　　）

A. 直接擦拭污染

B. 对于电插头，应该脱开检查

C. 对相关系统进行测试，确保工作正常

D. 用干抹布直接擦

2. 驾驶舱航后检查时，机长、副驾驶和观察员音频选择板上的麦克风选择钮调至 ＿＿＿＿＿ 位。

3. 简述驾驶舱机组座椅的检查标准。

4. 驾驶舱机组的护目镜、氧气面罩、救生衣分别在什么位置？

（三）巩固任务

1. 确认机上滑油量不少于 ＿＿＿＿＿＿＿＿＿ Usqt（罐），液压油不少于 ＿＿＿＿＿＿＿＿＿ Usgal（桶），不足补齐。

2. 确认电瓶电压不低于 ＿＿＿＿＿＿＿＿ V，操作检查备用电源系统。

3. 对于波音 737-300，机组氧气压力值不低于 ＿＿＿＿＿＿＿＿ psi；对于波音 737-400，机组氧气压力值不低于 ＿＿＿＿＿＿＿＿ psi。

4. 操作检查所有外部灯光电门工作正常，这些外部灯光包括什么？

五、任务检查

（一）检查工作

进行完工检查，检查结果记录在之前制定的质量检查记录表中，对不符合要求的质量缺陷，完成表 3-6-5，并分析原因，制定措施。

表 3-6-5 质量分析记录表

飞机驾驶舱检查			时间	
序号	质量要求	实际状况	差错分析	整改措施
1	风挡玻璃清洁			
2	驾驶舱区域清洁			
3	开关、电门、手柄在位			
4	座椅调整			
5	氧气面罩放好			
6	各仪表参数符合规定			

（二）学习任务

检查自己的工作计划，完善表 3-6-6，判断完成的情况。

表 3-6-6 计划完成情况检查表

检查项目	检查结果			完善点	其他
工时执行					
"6S" 执行					
质量成果					
学习投入					
获取知识					
技能水平					
安全、环保					
设备使用					
突发事件					

六、任务评价

（一）技能评价

"驾驶舱检查"由评价人设定驾驶舱检查的操作流程，依据结果评定等级（1~10级），见表 3-6-7。

表 3-6-7　任务完成情况检查表

类型	评价因子	学生自查		教师评价		
		是	否	是	否	评分等级
综合能力测评（组内互评）	按时到课					
	工装整齐					
	书、笔齐					
	主动探索					
	服从分配					
	自觉学习					
	团结互助					
	小组合作					
	A					
专业能力测评（组间互评）	资料齐全					
	风挡明亮					
	电门、开关、手柄在位					
	座椅调好					
	氧气面罩在位					
	跳开关、保险良好					
	清洁良好					
	参数合规					
	B					

（二）工作页评价

完善工作页评价表 3-6-8。

表 3-6-8　工作页评价表

序号	内容	过程评价			权重	合计
		总分	被复查的任务数	百分制成绩		
1	咨询				0.2	
2	计划				0.2	
3	决策				0.05	
4	实施				0.4	
5	检查				0.15	
工作页成绩 =（工作页评分每项最高 100 分）						C

（三）项目总成绩

完成成绩汇总表 3-6-9。

表 3-6-9　项目总成绩计算表

序号	项目工作的内容	成绩转填		权重	中间成绩
1	技能评价	（A+B）/2		0.7	
2	工作页评价	C		0.3	

序号	评价	分数段 / 分	总分：	D
1	非常好	91~100		
2	好	81~90		
3	满意	71~80	评价：	
4	足够	60~70		
5	有缺陷	30~59		
6	未掌握	0~29		

总结与提高

一、汇总分析

（1）通过本次学习，我学到的知识点 / 技能点有：＿＿＿＿＿＿＿＿＿＿＿＿＿＿

＿＿＿＿＿＿＿＿＿＿＿＿＿＿＿＿＿＿＿＿＿＿＿＿＿＿＿＿＿＿＿＿＿＿＿＿＿

不理解的有：＿＿＿＿＿＿＿＿＿＿＿＿＿＿＿＿＿＿＿＿＿＿＿＿＿＿＿＿＿

＿＿＿＿＿＿＿＿＿＿＿＿＿＿＿＿＿＿＿＿＿＿＿＿＿＿＿＿＿＿＿＿＿＿＿＿＿

（2）我认为在以下方面还需要深入学习并提升岗位能力，并将自己的评价分数（百分制）标在下图中。

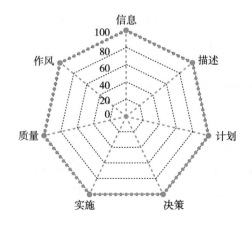

二、他山之石

小组成员评语：_____

_____

_____

教师评语：_____

_____

_____

思考与练习

一、填空题

1. 前起落架轮舱区域检查，前轮舱内电气导线及 _____ 、液压导管及 _____ 。

2. 目视检查前起落架放下锁好 _____ 标志，判断前起落架是否放下锁好。

3. 检查前轮转弯机构，转弯钢索无磨损、_____ ，钢索与其他刚性机构保持一定的间隙。

4. 前轮刹车止动片磨损无超标，确认左右两边的 _____ 应基本一致。

5. 如果检查发现机组氧气热释放指示片丢失，要检查氧气瓶上的 _____ 压力表和 _____ 的氧气压力指示表读数，以判断机组氧气瓶是否已过压释放。

6. 检查右冲压空气进口，确认冲压空气进气 _____ 门应伸出，_____ 板在位，冲压空气进口和出口无堵塞。

7. 目视检查发动机右侧，确认风扇整流罩上的 _____ 控制器在位、完好。

8. 加滑油前先检查发动机下面是否有 _____ 痕迹。

9. 加完滑油后，必须在飞机记录本上签上加 _____ 、加 _____ 的滑油值，并签上工作者姓名。

10. 检查发动机进气道区域，进气道 _____ 板，无明显裂纹、脱落、掉块、分层。

11. 右机翼区域的检查，目视检查操纵面，从地面检查副翼及 _____ 片、后缘襟翼及 _____ 罩、机翼前缘 _____ 翼和前缘 _____ 翼，无明显损伤和油液渗漏。

12. 目视检查右机翼下表面，无明显损伤和油液渗漏，_____ 尺在位、通气油箱通气口无 _____ 堵塞。

二、选择题

1. 前起落架及轮舱区域检查部位有（　　　）。

A. 前起落架安全销　　　　　　　　　　B. 液压源系统地面充压接头

C. 前起落架放下锁好指示标志　　　　　D. 缓冲支柱

2. 前起落架检查内容有（　　　）。

A. 防扭臂   B. 缓冲支柱的伸展长度

C. 是否灼伤   D. 转弯套环组件

3. 检查前机轮组件（　　　）无明显损伤。

A. 轮毂   B. 气门嘴   C. 防尘盖   D. 转变环

4. 飞机机身右侧前部安装的灯有（　　　）。

A. 防撞灯   B. 内侧着陆灯

C. 转弯灯   D. 机翼照明灯

5. 发动机区域检查部位有（　　　）。

A. 发动机的进气整流罩   B. 进气锥

C. 可见探头   D. 导向叶片

6. 检查发动机进气道区域，用手转风扇叶片，应该（　　　）。

A. 转动自如无卡滞无异响   B. 叶片叶尖与机匣内壁无相磨

C. 有跳动感   D. 叶片凸台正常无错位

7. 目视检查发动机尾部，应该（　　　）。

A. 排气尾锥无明显裂纹、损伤，无金属、滑油沉积现象

B. 消音板无明显裂纹、损伤

C. 排气机匣支柱和第 4 级（最后一级）低压涡轮叶片无明显裂纹、损伤、烧伤

D. 外涵道无异常、整流支柱状态良好、滑油冷却器在位且无明显损伤

8. 右机翼区域的检查部位有（　　　）。

A. 右机翼飞行操纵面的可视部分   B. 加油站门

C. 转弯灯   D. 放电刷

9. 右机翼区域的检查部位有（　　　）。

A. 外侧着陆灯   B. 机翼位置灯   C. 标志灯   D. 频闪灯

三、问答题

1. 航线检查工作单卡的主要依据是什么？

2. 检查驾驶舱风挡的标准是什么？

3. 检查飞机轮胎的标准是什么？

4. APU 灭火瓶的灭火释放指示片和热敏释放指示片分别是什么颜色？

5. 冲压空气进气道中吸入外来物，会导致空调系统什么故障？

四、简答题

1. 打开反推整流罩之前的操作步骤是什么？

2. EMDP 壳体回油滤组件安装时，有哪些步骤将壳体回油滤其他部件安装到新件上？

3. 更换固定式着陆灯时，对新灯泡进行测试的程序是什么？

4. 执行点火系统工作之前，应确保点火激励器断电多长时间，为什么？

5. 拆卸机轮组件前应对轮胎进行放气，为什么？

模块四　航线可更换件拆装

模块解析

　　航空器在进行定期维修或排除工作系统故障时，维修人员对飞机部附件要进行拆装。本模块以波音 737-300 型飞机为例，知识点包含发动机启动活门拆装等五项典型航线可更换件拆装方法与步骤等基本内容。维修人员只有熟悉拆装部件流程，掌握拆装方法，严格按照手册要求执行航空器部件拆装工作，才能减少故障的发生率和飞机的运营成本，最终实现飞行安全万无一失。

项目一　EMDP 壳体回油滤组件拆装

班级：_____　　姓名：_____　　学号：_____　　日期：_____　　测评等级：_____

有关说明：

　　本项目的实施方案依据《航空器维修基础知识和实作培训规范》编写，适用于指导学生完成学习任务；同时，可作为抽查学习成果和检查学习过程的参考资料。

工作描述

工作任务	EMDP 壳体回油滤组件拆装	教学模式	任务驱动和行动导向
建议学时	2 学时	教学地点	一体化教室
任务描述	假定飞机液压系统涉及 EMDP 壳体回油滤故障，且必须更换 EMDP 壳体回油滤组件时，依据飞机维护手册的要求，进行 EMDP 壳体回油滤组件的更换，并填写部件更换监控本，以保证飞机符合放行要求。 　　开展 EMDP 壳体回油滤组件拆装之前，必须熟悉 EMDP 壳体回油滤组件拆装的工作流程，这样在实践工作中才能关注到每个细节，提高飞机维护质量。本项目的知识点包含 EMDP 壳体回油滤组件拆装的准备事项、操作步骤和收尾工作等，掌握本项目的内容将为顺利开展飞机排除故障工作奠定理论基础		

模块四

航线可更换件拆装

（续）

学习目标	知识目标	1. 掌握 EMDP 壳体回油滤组件的功用。 2. 熟悉 EMDP 壳体回油滤组件的位置及其组成零件名称。 3. 掌握拆装 EMDP 壳体回油滤组件的准备工作。 4. 掌握拆装 EMDP 壳体回油滤组件的工作流程。 5. 掌握拆装 EMDP 壳体回油滤组件的风险要点。 6. 理解相应的飞机维护手册。 7. 掌握拆装 EMDP 壳体回油滤组件的操作要点		
	能力目标	1. 能够正确简述 EMDP 壳体回油滤组件的功用。 2. 能够正确识别出 EMDP 壳体回油滤组件的位置及其组成零件名称。 3. 能根据手册要求完成拆装前的准备工作。 4. 能够规范进行 EMDP 壳体回油滤组件的拆装。 5. 能够识别出并规避拆装 EMDP 壳体回油滤组件的风险点。 6. 能够正确理解飞机维护手册的内容。 7. 能够明确拆装 EMDP 壳体回油滤组件的操作要点，高效完成拆装。 8. 能做好 EMDP 壳体回油滤组件拆装时的个人防护。 9. 能做好工作现场的"6S"管理以及持续改善		
	素质目标	1. 具有爱岗敬业、诚实守信、遵章守纪的良好职业道德。 2. 具备严谨规范、精益求精、吃苦耐劳的优良品质。 3. 具备团队协作、人际沟通良好的社会交往能力。 4. 具备从事本专业工作的安全防护、安全文明生产和环境保护等意识。 5. 具备"航空报国、追求卓越"的职业素养		
学习准备	维修工作单	AMM 29-11-41/401		
	工具设备	手套、抹布、手电（按需）、接油盘、警告标识、套筒、扳手、牛角头、力矩扳手、剪钳、尖嘴钳、液压油盛装容器		
	人员分组	小组人员岗位由组长分配		
	工作岗位	时段一		时段二
	班组长			
	操作人员			
	辅助人员			
	安全监督			
	质量检验			
	"6S"管理			
重、难点	重点	EMDP 壳体回油滤组件的拆装规范	重点？难点？	
	难点	EMDP 壳体回油滤组件拆装的现场管控		

🖨 **知识链接**

一、接受维修任务

（1）领取或打印维修工作单卡：AMM 29-11-41-000-802，如图 4-1-1 所示，并仔细阅读工卡，明确工卡的工作内容。

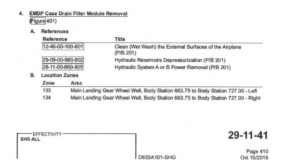

图 4-1-1　维修手册示意图

（2）领用工具设备、器材：

a. 手套、抹布、手电（按需）、接油盘、警告标识、套筒、扳手、牛角头、力矩扳手、剪钳、尖嘴钳、液压油盛装容器；

b. 液压油；

c. EMDP 壳体回油滤组件、封圈。

二、拆卸准备

警告：在飞机通电的情况下，打开或闭合 P91 和 P92 面板上的电路跳开关时要小心。电击会对人员造成伤害。

（1）拔出以下跳开关（如表 4-1-1 和图 4-1-2，以及表 4-1-2 和图 4-1-3 所示），并挂上警告标识。

表 4-1-1　1 号电源分配面板 P91

行	列	电气设备号	名称
F	3	C00882	ELEC HYD PUMP SYS B

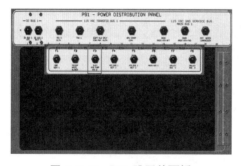

图 4-1-2　P91 跳开关面板

表 4-1-2　2 号电源分配面板 P92

行	列	电气设备号	名称
F	3	C00881	ELEC HYD PUMP SYS A

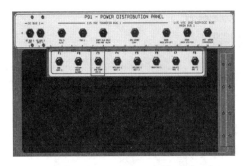

图 4-1-3　P92 跳开关面板

（2）依据工卡 TASK 29-11-00-860-805 停止相应液压系统的液压供给。

（3）依据工卡 TASK 29-09-00-860-802 释放相应液压油箱的空气压力。

（4）断开相关系统快卸接头处的供油管。

三、EMDP 壳体回油滤组件拆除

（1）EMDP 壳体回油滤组件简图如图 4-1-4 所示，从壳体回油滤组件 [6] 上断开液压管 [1] 和液压管 [5]。

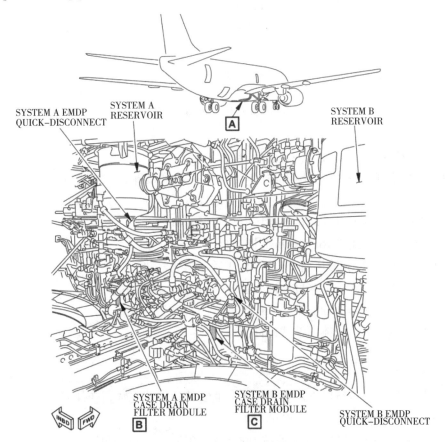

（a）EMDP 壳体回油滤组件简图

图 4-1-4

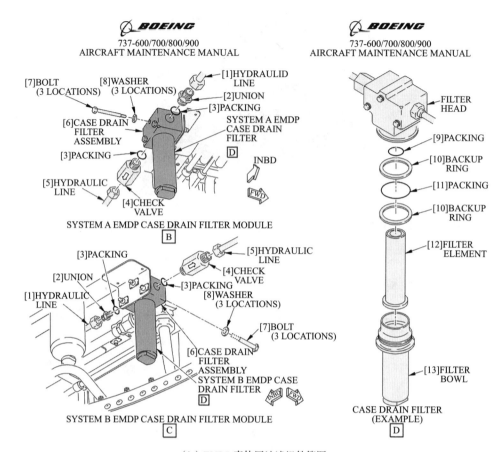

（b）EMDP 壳体回油滤组件简图

图 4-1-4（续）

（2）将液压油排放到液压油盛装容器内。

（3）视情依据 TASK 12-40-00-100-801 清洁安装区域的液压油。

（4）如果需要将旧的壳体回油滤的其他部件安装到新件上，则执行以下步骤：

a. 从壳体回油滤上拆除转接头 [2] 和单向阀门 [4]。

b. 从壳体回油滤组件 [6] 上拆除封圈 [3]。

（5）在液压管 [1] 和液压管 [5] 安装保护盖，防止污染。

（6）在壳体回油滤组件 [6] 的开口处安装保护盖，防止污染。

（7）拆除飞机壳体回油滤组件 [6] 上的螺栓 [7] 和垫片 [8]。

（8）从飞机上拆下壳体回油滤组件 [6]。

四、EMDP 壳体回油滤组件安装

（1）如果需要，执行以下步骤将壳体回油滤其他部件安装到新件上：

a. 拆除液压管 [1] 和液压管 [5] 的保护盖。

b. 用 D00054 MCS 352B 液压油或 D00153 液压油润滑新的封圈 [3]、转接头 [2] 和单向活门 [4] 上的螺纹。

c. 在转接头 [2] 上安装新的封圈 [3]。

d. 在单向活门 [4] 上安装新的封圈 [3]。

e. 在壳体回油滤组件 [6] 上安装封圈 [3] 和转接头 [2]。将转接头 [2] 磅力矩到 162~178 lbf·in（18.3~20.1N·m）。

警告：确保将单向活门安装在"出口"位置，单向活门上的箭头与滤芯顶部的箭头一致，如果安装错误，将导致 EMDP 受损。

f. 在壳体回油滤组件 [6] 的出口位置安装封圈 [3] 和单向活门 [4]。将单向活门 [4] 磅力矩到 162~178lbf·in（18.3~20.1N·m）。

（2）用 D00054 MCS 352B 液压油或 D00153 液压油润滑连接螺纹。

警告：确保滤芯顶部的箭头指向外侧，如果安装错误，将导致 EMDP 受损。

（3）将壳体回油滤组件 [6] 放到安装位置。

（4）安装螺栓 [7] 和垫片 [8] 使壳体回油滤组件 [6] 安装到飞机上。

（5）拆除液压管 [1] 和液压管 [5] 的保护盖。

（6）将液压管 [1] 和液压管 [5] 安装到壳体回油滤组件 [6] 上。

（7）将液压管 [1] 和液压管 [5] 的 B- 螺母磅力矩到（170±9）lbf·in（（19±1）N·m）。

（8）确保滤杯 [13] 已打好保险。

五、EMDP 壳体回油滤组件测试

依据工卡 TASK 29-11-41 测试部分对 EMDP 壳体回油滤组件进行测试。

六、收尾

（1）清点工具。

（2）恢复工作现场。

（3）恢复飞机状态。

（4）确保维修工作单卡、飞行记录本等维修记录已完成签署。

（5）归还工具设备。

（6）器材回仓。

（7）将维修工作单卡等维修记录反馈给相关部门。

🔍 任务提示

一、引导文

（1）了解 EMDP 壳体回油滤组件拆装前的准备事项。

（2）掌握 EMDP 壳体回油滤组件拆装的操作流程。

（3）熟悉 EMDP 壳体回油滤组件拆装后的收尾工作。

二、工作方法

（1）查阅手册后回答引导问题，可以使用的材料有手册、网络资源等。

（2）以小组讨论的形式完成工作计划。

（3）按照工作计划，完成维修工作单卡的填写和更换 EMDP 壳体回油滤组件的任务，对于计划中未考虑的问题，请先尽量自行解决，如果无法解决再与培训教师进行讨论。

（4）与教师讨论，进行工作总结。

三、工作内容

（1）分析打印维修工作单卡，拟订测量计划。

（2）工具、耗材的选择。

（3）更换 EMDP 壳体回油滤组件。

（4）工具、设备、现场"6S"管理。

（5）更换 EMDP 壳体回油滤组件后的检查。

四、知识储备

（1）更换 EMDP 壳体回油滤组件工具的借用。

（2）EMDP 壳体回油滤组件更换后的质量分析。

（3）力矩磅表有效性的检查。

（4）航空基本装配技能。

（5）完工质量检验的标准。

五、注意事项与工作提示

（1）本示例介绍 EMDP 壳体回油滤组件的更换，请依据机型维修手册要求，严格遵守在液压区域执行工作的安全规范。

（2）实训时穿戴好劳保用品。

（3）拆下部附件后，工具、航材需放在托盘收好，防止遗失。

（4）拆装过程中时刻注意不要擦碰到飞机结构，防止损坏飞机。

（5）如发现拆装过程中的任何异常现象，请及时停工，并向指导教师报告。

（6）EMDP 壳体回油滤组件更换完成后，应及时清点工具设备，并及时恢复飞机状态。

六、劳动安全

（1）未安装起落架安装销，起落架可能会意外收起，造成人员伤亡和设备损坏。

（2）未挡好飞机轮挡，飞机可能会意外滑动，造成人员伤亡和设备损坏。

（3）工量具轻拿轻放，正确使用测量工具。

七、环境保护

（1）参照飞机维护手册相应章节的内容。

（2）飞机应停放在规定位置。

（3）工具设备应按规定放置。

⚙ 工作过程

一、任务咨询

（一）学习任务

查阅相关资料，描述液压油箱释压的操作。

_____

_____

_____

（二）查询任务

1. 未插起落架安全销，可能会出现什么样的后果？

_____

_____

_____

2. 施工前，必须释放液压油箱的 _____ ，然后断开 _____ 。

3. 给液压系统释压时，可以采用反复踩踏驾驶舱的脚蹬 _____ 次来完成。

4. 给液压油箱释压时，需要注意的有（   ）。

A. 必须断开飞机气源系统

B. 拧松放气活门时，不要过度拧转，以防止活门损坏

C. 放气过程中，必须佩戴防护用具，如口罩、护目镜等

D. 放气时用毛巾遮挡放气活门，防止气压伤人或有液压油液喷出

5. 查阅相关资料，说明如果 EMDP 壳体回油滤堵塞，会出现哪些故障现象？

_____

_____

_____

6. 关于施工现场，需要做哪些预防保护措施，以保证拆装的顺利开展？

_____

_____

_____

二、任务计划

（一）查询工作

查询手册，制定本任务工序卡，在表 4-1-3 中表述你的工序。

表 4-1-3　更换 EMDP 壳体回油滤组件的工序卡

序号	区域	工作步骤	工具 / 设备	时间
签字		校对		审核
日期				

（二）记录工作

完成更换该部件需要的设备、工具记录表 4-1-4。

表 4-1-4　更换 EMDP 壳体回油滤组件需要的设备、工具清单

序号	名称	型号	数量	用途	备注
1					
2					
3					
4					
5					
6					
7					
8					
9					

（三）判断

确保将单向活门安装在"进口"位置，单向活门上的箭头与滤芯顶部的箭头一致。
（　　）

理由：_____

_____

_____

三、任务决策

（一）学习任务

更换施工前，进行关键技术方面的检查、决策，按表 4-1-5 要点执行。

表 4-1-5　决策要素

序号	决策点	请决策	
1	是否持单作业	是○	否○
2	施工场地是否满足要求	是○	否○
3	工具设备是否满足	是○	否○
4	人员资质配备是否满足要求	是○	否○
5	施工过程的潜在风险是否清楚	是○	否○
6	施工工序是否清晰	是○	否○
7	完工检查是否规范	是○	否○
8	劳动保护是否达到要求	是○	否○
9	是否征求了教师的意见	是○	否○

（二）对比任务

与教师制订的工作方案进行对比，进行决策分析。

_____

_____

_____

四、任务实施

（一）学习任务

为了工作的精益化，完成更换过程记录表 4-1-6，方便日后总结。

表 4-1-6　更换 EMDP 壳体回油滤组件的过程记录

事项	属于精益调整	属于正常操作	用时 /min
熟悉工具设备		完成规范操作且符合要求	3
拆卸前对管路接头做标记			5
拆装前释压断压			
及时清洁溢油			
胶手套破损后及时更换			

表 4-1-6（续）

事项	属于精益调整	属于正常操作	用时 /min
拆下封圈时及时将其报废			
安装封圈前润滑			
安装前清洁组件区域			
测试前先清洁组件区域			
熟悉工具设备			

（二）实训任务

1. 完成 EMDP 壳体回油滤组件更换后，如何检查安装状态？（　　　）

A. 目视检查　　　　　　　　　　　B. 依据工卡执行增压测试

C. 仅触摸检查　　　　　　　　　　D. 用渗漏测试剂检查

2. 记录更换新件的型号：_____。

3. 简述 EMDP 壳体回油滤组件更换，不使用双扳手会导致什么后果？

（三）巩固任务

如果检查测试时发现 EMDP 壳体回油滤组件漏油，请给出处理方案。

五、任务检查

（一）检查工作

进行完工检查，检查结果记录在之前制定的质量检查记录表中，对不符合要求的质量缺陷，完成表 4-1-7，并分析原因，制定措施。

表 4-1-7　质量分析记录表

EMDP 壳体回油滤组件			时间	
序号	质量要求	实际状况	差错分析	整改措施
1	组件已安装牢靠			
2	单向活门未装反			
3	油滤壳体已安装保险			
4	无漏油现象			
5				
6				

（二）学习任务

检查自己的工作计划，完善表 4-1-8，判断完成的情况。

表 4-1-8　计划完成情况检查表

检查项目	检查结果			完善点	其他
工时执行					
"6S"执行					
质量成果					
学习投入					
获取知识					
技能水平					
安全、环保					
设备使用					
突发事件					

六、任务评价

（一）技能评价

"EMDP 壳体回油滤组件更换"由评价人设定 EMDP 壳体回油滤组件更换的操作步骤，依据结果评定等级（1~10 级），见表 4-1-9。

表 4-1-9　技能等级评价表

类型	评价因子	学生自查		教师评价		
		是	否	是	否	评分等级
综合能力测评 （组内互评）	按时到课					
	工装整齐					
	书、笔齐					
	主动探索					
	服从分配					
	自觉学习					
	团结互助					
	小组合作					
	A					
专业能力测评 （组间互评）	资料准备					
	工具借用					
	操作规范					
	步骤齐全					
	完工检验					
	安全警示					
	任务时限					
	作业完成					
	B					

（二）工作页评价

完善工作页评价表 4-1-10。

表 4-1-10　工作页评价表

序号	内容	过程评价			权重	合计
		总分	被复查的任务数	百分制成绩		
1	咨询				0.2	
2	计划				0.2	
3	决策				0.05	
4	实施				0.4	
5	检查				0.15	
工作页成绩 = （工作页评分每项最高 100 分）						C

（三）项目总成绩

完成成绩汇总表 4-1-11。

表 4-1-11　项目总成绩计算表

序号	项目工作的内容	成绩转填	权重	中间成绩
1	技能评价	（A+B）/2	0.7	
2	工作页评价	C	0.3	

序号	评价	分数段 / 分	总分：	D
1	非常好	91~100		
2	好	81~90		
3	满意	71~80	评价：	
4	足够	60~70		
5	有缺陷	30~59		
6	未掌握	0~29		

总结与提高

一、汇总分析

（1）通过本次学习，我学到的知识点 / 技能点有：_____

_____

_____

不理解的有：_____

_____

_____

（2）我认为在以下方面还需要深入学习并提升岗位能力，并将自己的评价分数（百分制）标在下图中。

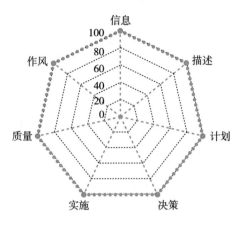

二、他山之石

小组成员评语：_____

_____

_____

教师评语：_____

_____

_____

发动机高压级
活门拆装

项目二　发动机高压级活门拆装

班级：_____　姓名：_____　学号：_____　日期：_____　测评等级：_____

有关说明：

本项目的实施方案依据《航空器维修基础知识和实作培训规范》编写，适用于指导学生完成学习任务；同时，可作为抽查学习成果和检查学习过程的参考资料。

📝 工作描述

工作任务	发动机高压级活门拆装	教学模式	任务驱动和行动导向
建议学时	2学时	教学地点	一体化教室
任务描述	假定飞机气源系统涉及高压级活门故障，且必须更换发动机高压级活门时，依据飞机维护手册的要求，进行发动机高压级活门的更换，并填写部件更换监控本，以保证飞机符合放行要求。 **RELIEF VALVE　REGULATOR MECHANISM** **DOWNSTREAM SENSE LINE** **REVERSE FLOW MECHANISM** **PNEUMATIC SHUTOFF MECHANISM** **LEFT SIDE** **SUPPLY PRESSURE LINE（FROM 9TH STAGE TAP）** **DOWNSTREAM SENSE LINE** **CONTROL PRESSURE LINE（TO HIGH STAGE VALVE）** **RELIEF VALVE** **HIGH STAGE REGULATOR** **BALANCE ACTUATOR** **MANUAL OVERRIDE AND POSITION INDICATOR** **VALVE BODY** **CONTROL PRESSURE（FROM HS REGULATOR）** **VALVE ACTUATOR** **HIGH STAGE VALVE** 开展发动机高压级活门拆装工作之前，必须对发动机高压级活门拆装的工作流程有基本认知，这样在实践工作中才能关注到每个细节，提高飞机维护质量。本项目的知识点包含发动机高压级活门拆装的准备事项、操作步骤和收尾工作等，掌握本项目的内容可为顺利开展飞机排除故障工作奠定理论基础		
学习目标	知识目标	1.掌握高压级活门的功用。 2.熟悉高压级活门的位置及其组成零件名称。 3.掌握拆装高压级活门前的准备工作。 4.掌握拆装高压级活门的工作流程。 5.掌握拆装高压级活门的风险要点。	

（续）

学习目标	知识目标	6. 理解相应的飞机维护手册。 7. 掌握拆装高压级活门的操作要点
	能力目标	1. 能够正确简述高压级活门的功用。 2. 能够正确识别出高压级活门的位置及其组成零件名称。 3. 能根据手册要求完成拆装前的准备工作。 4. 能够规范进行高压级活门的拆装。 5. 能够识别出并规避拆装高压级活门的风险点。 6. 能够正确理解飞机维护手册的内容。 7. 能够掌握拆装高压级活门的操作要点，高效完成高压级活门的拆装。 8. 能做好高压级活门拆装时的个人防护。 9. 能做好工作现场的"6S"管理以及持续改善
	素质目标	1. 具有爱岗敬业、诚实守信、遵章守纪的良好职业道德。 2. 具备严谨规范、精益求精、吃苦耐劳的优良品质。 3. 具备团队协作、人际沟通良好的社会交往能力。 4. 具备从事本专业工作的安全防护、安全文明生产和环境保护等意识。 5. 具备"航空报国、追求卓越"的职业素养

学习准备	维修工作单	AMM 36-11-06/400-801	
	工具设备	手套、抹布、手电（按需）、接油盘、警告标识、套筒、扳手、牛角头、 力矩扳手、前缘失效旁通销、反推夹、橡胶锤	
	人员分组	小组人员岗位由组长分配	
	工作岗位	时段一	时段二
	班组长		
	操作人员		
	辅助人员		
	安全监督		
	质量检验		
	"6S"管理		

重、难点	重点	高压级活门的拆装规范	
	难点	高压级活门的现场管控	重点？难点？

知识链接

一、接受维修任务

（1）领取或打印维修工作单卡：AMM 36-11-06/400-801，如图 4-2-1 所示，并仔细阅读工卡，明确工卡的工作内容。

（2）领用工具设备、器材：

a. 手套、抹布、手电（按需）、接油盘、警告标牌、套筒、扳手、牛角头、力矩扳手、前缘失效旁通销、反推夹、橡胶锤；

BOEING
737-600/700/800/900
AIRCRAFT MAINTENANCE MANUAL

TASK 36-11-06-400-801
3. **High Stage Valve Installation**
(Figure 401)
A. References

Reference	Title
24-22-00-860-811	Electrical Power - Activation (P/B 201)
71-00-00-700-821-F00	Dry Motor the Engine (P/B 201)
78-31-00-010-804-F00	Close the Thrust Reverser (Selection) (P/B 201)

B. Tools/Equipment

Reference	Description
STD-3906	Mallet - Rubber

C. Consumable Materials

Reference	Description	Specification
D00006	Compound - Antiseize Pure Nickel Special - Never-Seez NSBT-8N	
D00010	Compound - Thread Antiseize, High Temperature	MIL-PRF-907

D. Expendables/Parts

AMM Item	Description	AIPC Reference	AIPC Effectivity
1	Valve	36-11-06-02-015	SHG ALL
4	Seal	36-11-06-02-010	SHG ALL
7	Seal	36-11-51-02A-280	SHG ALL

E. Prepare to install the High Stage Valve
SUBTASK 36-11-06-420-001
(1) Look at the manual override nut [6] and make sure the high stage valve [1] is not in the LOCKED position.

图 4-2-1 维修手册示意图

b.高温防咬剂、渗漏液；

c.高压级活门、封圈。

二、拆卸准备

警告：拆除引气系统部件之前，必须确保引气系统已释压，如果系统没有释压，高温高压的气体将导致人员受伤或设备损坏。

（1）依据工卡 TASK 36-00-00-860-806 失效引气系统。

（2）确保发动机的起动手柄在 CUT OFF 位置，并挂警告标识。

警告：打开反推整流罩之前，必须按顺序执行以下工作步骤：收回前缘装置，失效前缘装置，失效反推（地面维护期间），打开风扇整流罩。如果不按顺序执行以上工作步骤，将导致人员受伤或设备损坏。

（3）依据工卡 TASK 78-31-00-010-801-F00 打开左侧发动机反推整流罩。

（4）拔出下列跳开关（见表 4-2-1 和图 4-2-2），并挂警告标识。

表 4-2-1　副驾后侧电气系统跳开关面板

行	列	电气设备号	名称
A	7	C00796	AIR CONDITIONING BLEED VALVEL
B	7	C00797	AIR CONDITIONING BLEED VALVER

图 4-2-2　P6-4 跳开关面板

（5）挂"禁止操作"警告标识：驾驶舱 P5-10 面板：BLEED 1 和 BLEED 2。

三、高压级活门拆除

注意：用双扳手松开管路卡箍螺母，一个扳手用于固定卡箍螺栓，另一个扳手松开螺母，如果不使用双扳手，将损坏管路和卡箍紧固件端部。高压级活门简图如图 4-2-3 所示。

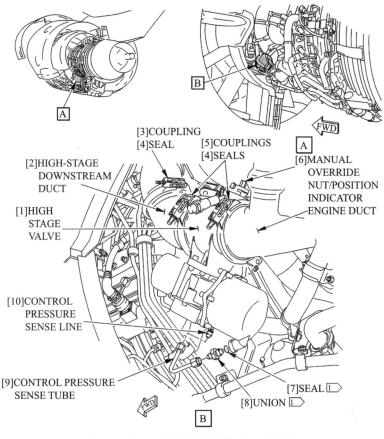

图 4-2-3　飞机维护手册高压级活门简图

（1）按照以下步骤从高压级活门 [1] 断开控制压力信号管 [9]：

a. 从控制压力信号接头 [10] 上及接头 [8] 上松开但不要断开控制压力信号管 [9]；

b. 从高压级活门 [1] 上断开控制压力信号管 [9]；

c. 将控制压力信号管 [9] 向外旋，使其与高压级活门 [1] 脱开。

（2）按照以下步骤拆除高压级下游管路 [2]：

提示：拆除此管路时必须断开高压级活门 [1] 的卡箍。

a. 拆除安装在高压级下游管路 [2] 顶部的卡箍 [3]。

提示：如果有必要，用橡胶锤轻敲卡箍辅助将其拆除。

b. 拆除高压级下游管路 [2] 和高压级活门 [1] 之间的卡箍 [5]。

c. 拆除高压级下游管路 [2]。

d. 拆除封圈 [4]。

（3）按照以下步骤拆除高压级活门 [1]。

a. 拆除安装在高压级活门 [1] 后端的卡箍 [5]。

提示：如果有必要，用橡胶锤轻敲卡箍辅助将其拆除。

b. 拆除高压级活门 [1]。

c. 拆除封圈 [4]。

（4）如果新的高压级活门 [1] 没有安装转接头 [8]，则执行以下步骤：

a. 拆除转接头 [8] 和封圈 [7]。

b. 报废封圈 [7]，将转接头 [8] 用于安装到新的高压级活门上。

（5）在管路开口和压力信号接头处安装保护盖。

四、安装高压级活门

（1）观察高压级活门人工超控螺母 [6]，确保高压级活门 [1] 不在锁定（LOCKED）位置。

（2）拆除管路开口和压力信号接头处的保护盖。

（3）如果新的高压级活门 [1] 没有安装转接头 [8]，执行以下步骤：

a. 在转接头 [8] 上安装新的封圈 [7]；

b. 用 D00010 油脂（备用油脂件号：NSBT-8N，D00006）润滑转接头 [8] 的螺纹部分；

c. 在高压级活门 [1] 上安装转接头 [8]；

d. 给转接头 [8] 磅力矩到 180~200 lbf·in（20~23 N·m）。

（4）按照以下步骤检查封圈 [4]：

a. 确保封圈 [4] 没有裂纹、凹痕或者其他损伤；

b. 如果发现封圈损坏就更换封圈 [4]。

（5）按照以下步骤安装高压级活门 [1]：

a. 将封圈 [4] 安装到高压级活门 [1] 的后端；

b. 缓慢小心地用卡箍 [5] 将高压级活门 [1] 后部与发动机管路连接。

提示：此时不要拧紧卡箍，高压级活门 [1] 的最终方向将取决于控制压力管 [9] 的连接。确保使高压级活门 [1] 上的方向箭头与发动机管道上的标识一致。

（6）按照以下步骤连接高压级下游管路 [2]：

a. 在高压级下游管路 [2] 的前端安装封圈 [4]；

b. 在高压级活门 [1] 的前端安装封圈 [4]；

c. 在前部空气管道和高压级活门 [1] 之间安装高压级下游管路 [2]；

d. 缓慢小心地安装卡箍 [3]；

e. 缓慢小心地安装卡箍 [5]。

（7）缓慢小心地向内转动控制压力信号管 [9]，直到将带转接头 [8] 的管路轻松地连接到高压级活门 [1] 上。

提示：调整高压级活门 [1]，直到安装的控制压力信号管不受额外的力。

（8）按照以下步骤拧紧卡箍 [3] 和卡箍 [5]：

a. 调整卡箍 [3] 和卡箍 [5]，使卡箍螺栓在上部，螺母朝外；

b. 确保卡箍紧固定在 9 级引气管道底部中央处；

c. 将卡箍 [3] 磅力矩到 95~110 lbf·in（11~12N·m）；

d. 将卡箍 [5] 磅力矩到 115~125 lbf·in（13~14N·m）；

e. 用 STD-3906 橡胶锤轻轻的敲击卡箍 [3] 和卡箍 [5] 周围；

f. 再次将卡箍 [3] 磅力矩到 95~110 lbf·in（11~12N·m）；

g. 再次将卡箍 [5] 磅力矩到 115~125 lbf·in（13~14N·m）。

注意：用双扳手拧紧管路接头螺母，用一个扳手保持稳住转接头，另一个扳手拧紧接头螺母。如果不用两个扳手，将损伤管路和转接头。

（9）按照以下步骤将控制压力信号管 [9] 安装到转接头 [8] 来实现安装控制压力信号管：

a. 将控制压力信号管 [9] 的螺母磅力矩到 133.0~147.0 lbf·in（15.0~16.6N·m）；

b. 松开控制压力信号管螺母释放扭力；

c. 重新将控制压力信号管 [9] 的螺母磅力矩到 133.0~147.0 lbf·in（15.0~16.6N·m）。

五、高压级活门安装测试

依据工卡 TASK 36–11–06/401 测试部分对高压级活门进行测试。

六、收尾

（1）清点工具。

（2）恢复工作现场。

（3）恢复飞机状态，依据 TASK 78–31–00–010–804–F00 关闭反推整流罩，并取下警告标识；

（4）确保维修工作单卡、飞行记录本等维修记录已完成签署。

（5）归还工具设备。

（6）器材回仓。

（7）将维修工作单卡等维修记录反馈给相关部门。

🔍 任务提示

一、引导文

（1）了解发动机高压级活门拆装前的准备事项。

（2）掌握发动机高压级活门拆装的操作流程。

（3）熟悉发动机高压级活门拆装后的收尾工作。

二、工作方法

（1）查阅手册后回答引导问题，可以使用的材料有手册、网络资源等。

（2）以小组讨论的形式完成工作计划。

（3）按照工作计划，完成维修工作单卡的填写和更换高压级活门的任务，对于计划中未考虑的问题，请先尽量自行解决，如果无法解决再与培训教师进行讨论。

（4）与教师讨论，进行工作总结。

三、工作内容

（1）分析打印维修工作单卡，拟订测量计划。

（2）工具、耗材的选择。

（3）更换高压级活门。

（4）工具、设备、现场"6S"管理。

（5）更换高压级活门后的检查。

四、知识储备

（1）更换高压级活门工具的借用。

（2）高压级活门更换后的质量分析。

（3）力矩磅表有效性的检查。

（4）航空基本装配技能。

（5）完工质量检验的标准。

五、注意事项与工作提示

（1）本示例介绍高压级活门的更换，请依据机型维修手册要求，严格遵守在发动机区域执行工作的安全规范。

（2）实训时穿戴好劳保用品。

（3）拆下部附件后，工具、航材应放在托盘收好，防止遗失。

（4）拆装过程中时刻注意不要擦碰到飞机结构，防止损坏飞机。

（5）如发现拆装过程中的任何异常现象，请及时停工，并向指导教师报告。

（6）高压级活门更换完成后，应及时清点工具设备，并及时恢复飞机状态。

六、劳动安全

（1）未挡好轮挡可能导致飞机意外滑动，造成人员伤亡和设备损坏。

（2）未安装起落架安装销，起落架可能会意外收起，造成人员伤亡和设备损坏。

（3）未安装反推安全销，发动机反推可能会意外放下，造成人员伤亡和设备损坏。

（4）工量具轻拿轻放，正确使用测量工具。

七、环境保护

（1）参照飞机维护手册相应章节的内容。

（2）飞机应停放在规定位置。

（3）工具设备应按规定放置。

⚙ 工作过程

一、任务咨询

（一）学习任务

1.查阅相关资料，描述飞机停放位置的要求。

_____

_____

2.该施工需要借用的力矩磅表的量程是（　　　　）。

A. 0~50 lbf·in[①]　　　　　　　　　　B. 50~100 lbf·in

C. 50~200 lbf·in　　　　　　　　　　D. 150~300 lbf·in

3.查阅相关资料，说明力矩磅表的检查标准。

_____

_____

4.民航飞机维修的"五个到位"是 _____、_____、_____、

_____、_____。

5.查阅相关资料，说明新的高压级活门在安装前的检查内容。

_____

_____

（二）查询任务

1.起落架安全销安装与拆下的作业标准是什么？

_____

_____

2.发动机风扇包皮、发动机反推的开关是否有顺序？并简要说明。

_____

_____

---

①　1 lbf·in ≈ 0.113N·m。

3.人工打开反推的风险有（　　　）。

A.反推较重，人力打开与关闭时容易伤人

B.反推作动筒里可能存在液压缺失，关闭反推时反推容易瞬间下落，造成人员受伤

C.反推锁故障，打开反推时无法使反推保持在锁定位

D.容易造成飞机滑动

4.雷雨天气是否可以执行高压级活门的更换工作？简要说明原因。

_____

_____

_____

5.高压级活门如何测试？

_____

_____

_____

二、任务计划

（一）查询工作

查询手册，制定本任务工序卡，在表 4-2-2 中表述你的工序。

表 4-2-2　更换高压级活门的工序卡

序号	区域	工作步骤	工具 / 设备	时间
签字		校对		审核
日期				

（二）记录工作

完成更换该部件需要的设备、工具记录表 4-2-3。

表 4-2-3　更换高压级活门需要的设备、工具清单

序号	名称	型号	数量	用途	备注
1					
2					
3					
4					
5					
6					
7					
8					
9					

（三）判断

1. 在发动机区域施工时，是否需要对飞机大翼的前缘装置进行限动。（　　　）

理由：_____

_____

2. 活门管道处的 V 形卡箍是否有正反方向要求？（　　　）

理由：_____

_____

3. 在拆装高压级活门的施工阶段，可以将工具放在发动机上的平稳区域，以提高工作效率。（　　　）

理由：_____

_____

三、任务决策

（一）学习任务

更换施工前，进行关键技术方面的检查、决策，按表 4-2-4 要点执行。

表 4-2-4　决策要素

序号	决策点	请决策	
1	是否持单作业	是○	否○
2	施工场地是否满足要求	是○	否○
3	工具设备是否满足	是○	否○

表 4-2-4（续）

序号	决策点	请决策	
4	人员资质配备是否满足要求	是○	否○
5	施工过程的潜在风险是否清楚	是○	否○
6	施工工序是否清晰	是○	否○
7	完工检查是否规范	是○	否○
8	劳动保护是否达到要求	是○	否○
9	是否征求了教师的意见	是○	否○

（二）对比任务

与教师制订的工作方案对比，进行决策分析。

_____

_____

四、任务实施

（一）学习任务

为了工作的精益化，完成更换过程记录表 4-2-5，方便日后总结。

表 4-2-5　更换高压级活门的过程记录

事项	属于精益调整	属于正常施工	用时 /min
熟悉工具设备		完成规范操作且符合要求	3
使用人工反推液压泵打开反推	高效完成拆卸		5
安装反推支撑保护夹			
双扳手拧动管螺母			
拆卸时使用橡胶榔头敲击卡箍			
及时封堵管接口			
安装卡箍时用橡胶榔头轻轻敲击			
关闭反推前清点工具设备			
闭合跳开关			
互相检查发动机下部安装锁扣			

（二）实训任务

1. 完成高压级活门更换后，如何检查安装状态？（　　　）

A. 仅目视检查

B. 依据工卡 TASK36-11-06 测试部分对高压级活门进行测试

C. 仅触摸检查

D. 仅用渗漏测试剂检查

2. 记录更换新件的型号：————————————————————。

3. 高压级活门上的人工超控柱需要多大扳手拧动？最大转动角度是多少？气压达到多少时活门打开？

（三）巩固任务

如果检查测试时发现高压级活门卡箍处漏气，请给出处理方案。

五、任务检查

（一）检查工作

进行完工检查，检查结果记录在之前制定的质量检查记录表中，对不符合要求的质量缺陷，完成表 4-2-6，并分析原因，制定措施。

表 4-2-6　质量分析记录表

高压级活门更换			时间	
序号	质量要求	实际状况	差错分析	整改措施
1	施工区域无异物			
2	相关警告标识已取下			
3	工具设备已清点			
4	打开的跳开关已闭合			
5	紧固件处已正确磅力矩			
6	螺纹处已涂抹高温防咬剂			
7	管道卡箍不松动			
8	发动机下部锁扣正确锁好			

（二）学习任务

检查自己的工作计划，完善表 4-2-7，判断完成的情况。

表 4-2-7 计划完成情况检查表

检查项目	检查结果			完善点	其他
工时执行					
"6S" 执行					
质量成果					
学习投入					
获取知识					
技能水平					
安全、环保					
设备使用					
突发事件					

六、任务评价

（一）技能评价

"发动机高压级活门拆装"由评价人设定拆装的操作步骤，依据结果评定等级（1~10级），见表4-2-8。

表 4-2-8 技能评价表

类型	评价因子	学生自查		教师评价		
		是	否	是	否	评分等级
综合能力测评（组内互评）	按时到课					
	工装整齐					
	书、笔齐					
	主动探索					
	服从分配					
	自觉学习					
	团结互助					
	小组合作					
	A					
专业能力测评（组间互评）	资料准备					
	工具借用					
	操作规范					
	步骤齐全					
	完工检验					
	安全警示					
	任务时限					
	作业完成					
	B					

（二）工作页评价

完善工作页评价表4-2-9。

表4-2-9　工作页评价表

序号	内容	过程评价			权重	合计
		总分	被复查的任务数	百分制成绩		
1	咨询				0.2	
2	计划				0.2	
3	决策				0.05	
4	实施				0.4	
5	检查				0.15	
工作页成绩 =（工作页评分每项最高100分）						C

（三）项目总成绩

完成成绩汇总表4-2-10。

表4-2-10　项目总成绩计算表

序号	项目工作的内容	成绩转填	权重	中间成绩
1	技能评价	（A+B）/2	0.7	
2	工作页评价	C	0.3	

序号	评价	分数段/分
1	非常好	91~100
2	好	81~90
3	满意	71~80
4	足够	60~70
5	有缺陷	30~59
6	未掌握	0~29

总分：

评价：

D

总结与提高

一、汇总分析

（1）通过本次学习，我学到的知识点/技能点有：_____

_____

不理解的有：_____

_____

（2）我认为在以下方面还需要深入学习并提升岗位能力，并将自己的评价分数（百分制）标在下图中。

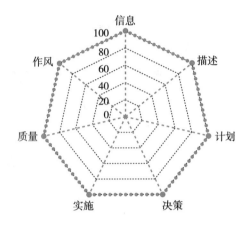

二、他山之石

小组成员评语：＿＿＿＿＿＿＿＿＿＿＿＿＿＿＿＿＿＿＿＿＿＿＿＿＿＿＿＿＿＿＿＿

＿＿＿

＿＿＿

教师评语：＿＿＿＿＿＿＿＿＿＿＿＿＿＿＿＿＿＿＿＿＿＿＿＿＿＿＿＿＿＿＿＿＿＿

＿＿＿

＿＿＿

项目三　固定式着陆灯拆装

班级：_____　　姓名：_____　　学号：_____　　日期：_____　　测评等级：_____

有关说明：

　　本项目的实施方案依据《航空器维修基础知识和实作培训规范》编写，适用于指导学生完成学习任务；同时，可作为抽查学习成果和检查学习过程的参考资料。

📝 工作描述

工作任务	固定式着陆灯拆装	教学模式	任务驱动和行动导向
建议学时	2 学时	教学地点	一体化教室
任务描述	假定飞机灯光系统出现固定式着陆灯故障，且必须更换飞机固定式着陆灯时，依据飞机维护手册的要求，进行固定式着陆灯的更换，并填写部件更换监控本，以保证飞机符合放行要求。 　　开展固定式着陆灯的更换之前，必须对固定式着陆灯更换的工作流程有基本认知，这样在实践工作中才能关注到每个细节，提高飞机维护质量。本项目的知识点包含固定式着陆灯更换的准备事项、操作步骤和收尾工作等，掌握本项目的内容可为顺利开展飞机排除故障工作奠定理论基础		
学习目标	知识目标	1. 掌握固定式着陆灯的功用。 2. 熟悉固定式着陆灯的位置及其组成零件名称。 3. 掌握固定式着陆灯拆装前的准备工作。 4. 掌握拆装固定式着陆灯的工作流程。 5. 掌握拆装固定式着陆灯的风险要点。 6. 理解相应的飞机维护手册。 7. 掌握拆装固定式着陆灯的操作要点	
	能力目标	1. 能够正确简述固定式着陆灯的功用。 2. 能够正确识别出固定式着陆灯的位置及记清其组成零件名称。 3. 能根据手册要求完成拆装前的准备工作。 4. 能够规范进行固定式着陆灯的拆装。 5. 能够识别出并规避拆装固定式着陆灯的风险点。 6. 能够正确理解飞机维护手册的内容。	

（续）

学习目标	能力目标	7. 能够掌握拆装固定式着陆灯的操作要点，高效完成着陆灯的拆装。 8. 能做好固定式着陆灯拆装时的个人防护。 9. 能做好工作现场的"6S"管理以及持续改善
	素质目标	1. 具有爱岗敬业、诚实守信、遵章守纪的良好职业道德。 2. 具备严谨规范、精益求精、吃苦耐劳的优良品质。 3. 具备团队协作、人际沟通良好的社会交往能力。 4. 具备从事本专业工作的安全防护、安全文明生产和环境保护等意识。 5. 具备"航空报国、追求卓越"的职业素养
学习准备	维修工作单	AMM 33-42-01-960-801
	工具设备	内六方套筒、内六角套筒、套筒、棘轮扳手、十字螺刀、磅表、警告标识、手套、抹布、手电（按需）
	人员分组	小组人员岗位由组长分配
	工作岗位	时段一	时段二
	班组长		
	操作人员		
	辅助人员		
	安全监督		
	质量检验		
	"6S"管理		
重、难点	重点	固定式着陆灯拆装的规范
	难点	固定式着陆灯拆装的风险点分析

知识链接

一、接受维修任务

（1）领取或打印维修工作单：AMM 33-42-01-960-801，如图 4-3-1 所示，并仔细阅读工卡，明确工卡的工作内容。

TASK 33-42-01-960-801

Fixed Landing Light - Lamp Replacement

(Figure 202)

A. References

Reference	Title
24-22-00-860-811	Electrical Power - Activation (P/B 201)
24-22-00-860-812	Electrical Power - Deactivation (P/B 201)
27-51-00-040-801	Trailing Edge Flap System Deactivation (P/B 201)
27-51-00-440-801	Trailing Edge Flap System Reactivation (P/B 201)
27-81-00-040-801	Leading Edge Flaps and Slats - Deactivation (P/B 201)
27-81-00-440-801	Leading Edge Flaps and Slats - Activation (P/B 201)
WDM 33-42-11	Wiring Diagram Manual

B. Consumable Materials

Reference	Description	Specification
G02186	Seal - Closed Cell Silicone Foam Rubber, Hydraulic Fluid Resistant	BMS1-68, Form III

图 4-3-1 维修手册示意图

（2）领用工具、设备、器材：

a.内六方套筒、内六角套筒、套筒、棘轮扳手、十字螺刀、磅表、警告标识、手套、抹布、手电（按需）；

b.减震垫、封严带（按需）；

c.着陆灯。

二、拆卸准备

警告：完成前缘襟翼和缝翼失效程序。前缘装置会快速移动，从而造成人员伤害和设备损坏。

（1）执行以下任一步骤使前缘缝翼和襟翼失效在收上（UP）位。

a.如果作动后缘襟翼工作不是必要的，则依据 TASK 27-51-00-040-801 完成后缘襟翼失效程序。

提示：以上步骤使前缘襟翼、缝翼和后缘襟翼同时失效。

b.如果作动后缘襟翼工作是必要的，则依据 TASK 27-81-00-040-801 完成前缘襟翼、缝翼失效程序。

提示：以上步骤使前缘襟翼、缝翼失效，后缘襟翼仍可操作。

（2）拔出以下跳开关（见表 4-3-1、图 4-3-2），并挂警告标识。

表 4-3-1　机长后侧电气系统跳开关面板 P18-3

行	列	电气设备号	名称
B	15	C00271	EXTERIOR LIGHTING LANDING LEFT FIXED
C	14	C00272	EXTERIOR LIGHTING LANDING RIGHT FIXED

图 4-3-2　P18-3 跳开关面板

（3）固定式着陆灯简图如图 4-3-3 所示；松开螺钉 [1]，移走灯罩组件 [3]。

提示：确保系索 [2] 保持连接。

注意：灯罩组件 [3] 和系索 [2] 不要靠在机翼前缘上，防止损伤前缘装置。

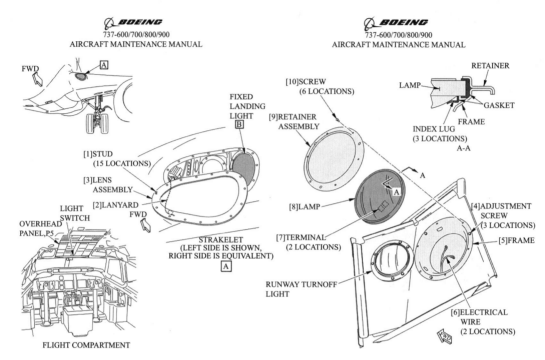

图 4-3-3　飞机维护手册固定式着陆灯简图

三、拆卸原灯泡

（1）拧松螺钉 [1]，并拆下灯罩 [3]。

提示：系绳 [2] 保持连接，保持灯罩 [3] 和系绳 [2] 远离机翼前缘。

（2）松开螺钉 [10]，卸下保持环组件 [9]。

提示：请勿转动调节螺钉 [4]。

（3）从底座中取出灯泡 [8]。

（4）从灯泡后面接线庄 [7] 上脱开电线 [6]。

（5）去除接线端上的杂物。

四、安装新灯泡

（1）为确保良好的电源导通，需确认电接点和接线端保持清洁。

（2）将电线 [6] 连接到新灯泡上。

（3）按照以下步骤更换新封严：

提示：在灯泡更换过程中必须更换新封严，封严由于高温作用会变硬，新封严可以防止灯泡开裂。

a. 使用 G02186 材质的减震垫，安装时不要拉伸封严，用减震垫完全缠绕在新灯泡边缘。

提示：在灯泡边缘的两侧留有宽度大致相同的减震垫。

b. 将减震垫边缘沿灯泡边缘折叠以支撑保持环，注意不要将灯泡前面遮住过多。

c. 在灯泡后面定位销（3 个）的位置粘贴小块的减震垫 G02186，以防止灯泡与底座的意外接触。

（4）安装新灯泡 [8]，确保灯丝处于水平位置。

注意：如果拧螺钉太紧，保持环将会变形，会导致设备损坏。

（5）安装保持环组件 [9] 和螺钉 [10]。

a. 确保保持环开槽口靠近灯泡顶端；

b. 用（25±1）lbf·in 的力矩拧紧螺钉。

五、对新灯泡进行测试

（1）取下警告标识，闭合以下跳开关（见表 4-3-2、图 4-3-4）。

表 4-3-2　机长后侧电气系统跳开关面板 P18-3

行	列	电气设备号	名称
B	15	C00271	EXTERIOR LIGHTING LANDING LEFT FIXED
C	14	C00272	EXTERIOR LIGHTING LANDING RIGHT FIXED

图 4-3-4　P18-3 跳开关面板

（2）依据 TASK 24-22-00-860-811 给飞机通电。

（3）在头顶板 P5 板，将固定着陆灯电门扳至 "ON" 位。

a. 确认新灯泡点亮。

b. 如果需要对光束进行调节，参考：TASK 33-42-01-820-801。

（4）将电门扳至 "OFF" 位，确认灯泡熄灭。

（5）如果灯罩周边的封严带破损，完成以下步骤更换封严带：

a. 去除破损的封严带。

b. 在灯罩周围安装 Sky flex tape G50066 封严。如果封严带太长，折叠以适应开口长度，但不要超过 4 次。

提示：不要拉伸封严带。

c. 用一个锋利的工具在 15 个螺钉孔洞处刻出直径 0.25in（6.35mm）的孔。

提示：不要在封严带上造成其他划伤。

（6）用螺钉 [1] 固定灯罩 [3]：将每个螺钉磅紧力矩到 20~25lbf·in（2.3~2.8N·m）。

六、收尾

（1）清点工具。

（2）恢复工作现场。

（3）恢复飞机状态。

执行下述步骤恢复前缘襟翼及缝翼作动：

a. 如果已经使后缘襟翼失效，则恢复后缘襟翼作动，参考：TASK 27-51-00-440-801。

b. 如果已经使前缘襟翼、缝翼失效，则恢复前缘襟翼和缝翼作动，参考：TASK 27-81-00-440-801。

（4）确保维修工作单卡、飞行记录本等维修记录已完成签署。

（5）归还工具设备。

（6）器材回仓。

（7）将维修工作单卡等维修记录反馈给相关部门。

🔍 任务提示

一、引导文

（1）了解固定式着陆灯更换前的准备事项。

（2）掌握固定式着陆灯更换的操作流程。

（3）熟悉固定式着陆灯更换后的收尾工作。

二、工作方法

（1）查阅手册后回答引导问题，可以使用的材料有手册、网络资源等。

（2）以小组讨论的形式完成工作计划。

（3）按照工作计划，完成维修工作单卡的填写和更换固定式着陆灯的任务，对于计划中未考虑的问题，请先尽量自行解决，如果无法解决再与培训教师进行讨论。

（4）与教师讨论，进行工作总结。

三、工作内容

（1）分析打印维修工作单卡，拟订测量计划。

（2）工具、耗材的选择。

（3）更换固定式着陆灯。

（4）工具、设备、现场"6S"管理。

（5）更换固定式着陆灯后的检查。

四、知识储备

（1）更换固定式着陆灯工具的借用。

（2）固定式着陆灯更换后的质量分析。

（3）力矩磅表有效性的检查。

（4）航空基本装配技能。

（5）完工质量检验的标准。

五、注意事项与工作提示

（1）本示例介绍固定式着陆灯的更换，请依据机型维修手册要求，严格遵守在机翼区域执行工作的安全规范。

（2）实训时穿戴好劳保用品。

（3）拆下部附件后，工具、航材需放在托盘收好，防止遗失。

（4）拆装过程中时刻注意不要擦碰到飞机结构，防止损坏飞机。

（5）如发现拆装过程中的任何异常现象，请及时停工，并向指导教师报告。

（6）固定式着陆灯更换完成后，应及时清点工具设备，并及时恢复飞机状态。

六、劳动安全

（1）确保安装起落架安全销，未安装起落架安装销，起落架可能会意外收起，造成人员伤亡和设备损坏。

（2）确保挡好飞机轮挡，未挡好飞机轮挡，飞机可能会意外滑动，造成人员伤亡和设备损坏。

（3）工量具轻拿轻放，正确使用测量工具。

七、环境保护

（1）参照飞机维护手册相应章节的内容。

（2）飞机应停放在规定位置。

（3）工具设备应按规定放置。

⚙ 工作过程

一、任务咨询

（一）学习任务

1.查阅相关资料，描述固定式着陆灯的系统工作原理。

_____

_____

_____

2.查阅相关资料，说明固定式着陆灯更换的外场作业标准。

_____

_____

_____

3.常见的固定式着陆灯灯泡有哪些形式？（　　　）

A.灯泡形式　　　　　　B.LED 阵列形式　　　　　C.灯管形式　　　　　　　D.二极管

4.固定式着陆灯常见的故障现象有哪些？简要说明理由。

_____

_____

_____

（二）查询任务

1.大风天气下执行固定式着陆灯更换，可能会出现哪些后果？

_____

_____

_____

2.未按照手册要求正确更换固定式着陆灯，可能会出现哪些后果？

_____

_____

_____

二、任务计划

（一）查询工作

查询手册，制定本任务工序卡，在表 4-3-3 中表述你的工序。

表 4-3-3　更换固定式着陆灯的工序卡

序号	区域	工作步骤	工具 / 设备	时间
签字		校对		审核	
日期				

（二）记录工作

完成更换该部件需要的设备、工具记录表4-3-4。

表 4-3-4　更换固定式着陆灯需要的设备、工具清单

序号	名称	型号	数量	用途	备注
1					
2					
3					
4					
5					
6					
7					
8					
9					

（三）判断

1. 在执行固定式着陆灯更换前，应确认哪些信息？（　　　　）

A. 确保固定式着陆灯的外部状态

B. 优先拆下固定式着陆灯，详细检查其状态

C. 检查驾驶舱相应位置的跳开关状态

D. 保持通电情况，使用橡胶榔头轻敲灯泡

2. 雨雪天气是否仍然可以执行固定式着陆灯更换？

_____

_____

3. 在拆卸固定式着陆灯灯罩时，发现灯罩里有水蒸气，应执行何种操作？

_____

_____

4. 若拆下的固定式着陆灯灯泡碎裂，则在安装时应加强（　　　　）的检查。

A. 飞机起落架轮胎胎压

B. 灯泡后部减震胶条的安装质量

C. 卡箍拧紧力矩的大小

D. 飞行员驾驶技术

三、任务决策

（一）学习任务

更换施工前，进行关键技术方面的检查、决策，按表 4-3-5 要点执行。

表 4-3-5　决策要素

序号	决策点	请决策	
1	是否持单作业	是○	否○
2	施工场地是否满足要求	是○	否○
3	工具设备是否满足	是○	否○
4	人员资质配备是否满足要求	是○	否○
5	施工过程的潜在风险是否清楚	是○	否○
6	施工工序是否清晰	是○	否○
7	完工检查是否规范	是○	否○
8	劳动保护是否达到要求	是○	否○
9	是否征求了教师的意见	是○	否○

（二）对比任务

与教师制订的工作方案对比，进行决策分析。

_____

_____

_____

四、任务实施

（一）学习任务

为了工作的精益化，完成更换过程记录表 4-3-6，方便日后总结。

表 4-3-6　更换固定式着陆灯的过程记录

事项	属于精益调整	属于正常操作	用时 /min
借用内六角套筒		完成规范操作且符合要求	2
借用棘轮扳手	高效完成拆卸		2
在室内或晴天进行施工			
工具设备充足			
施工前挡好飞机轮挡			
测试完成后再装灯罩			
安装灯罩前检查灯区域无异物			
完工及时清点工具			

（二）实训任务

1.完成固定式着陆灯更换后，关闭灯罩前，需要执行哪些项目？（　　）

A. 检查固定式着陆灯区域无外来物　　　　B. 始终保持开灯状态

C. 检查固定式着陆灯安装牢固　　　　D. 依据工卡执行灯光测试

2.记录更换新件的型号：＿＿＿＿＿＿＿＿＿＿＿＿＿＿＿＿。

3.安装固定式着陆灯灯罩时，紧固螺钉安装的施工标准是什么？

_____

_____

_____

（三）巩固任务

如果检查测试时发现固定式着陆灯不亮，请给出处理方案。

_____

_____

_____

五、任务检查

（一）检查工作

进行完工检查，检查结果记录在之前制定的质量检查记录表中，对不符合要求的质量缺陷，完成表 4-3-7，并分析原因，制定措施。

表 4-3-7　质量分析记录表

固定式着陆灯			时间	
序号	质量要求	实际状况	差错分析	整改措施
1	灯泡接线柱无异常			
2	灯光角度正常			
3	灯罩内无外来物			
4	灯罩螺钉与飞机表面齐平			
5	闭合跳开关			
6	及时关闭着陆灯			
7				
8				
9				

（二）学习任务

检查自己的工作计划，完善表 4-3-8，判断完成的情况。

表 4-3-8　质量分析记录表

检查项目	检查结果		完善点	其他
工时执行				
"6S"执行				
质量成果				
学习投入				
获取知识				
技能水平				
安全、环保				
设备使用				
突发事件				

六、任务评价

（一）技能评价

"固定式着陆灯拆装"由评价人设定固定式着陆灯拆装的操作步骤，依据结果评定等级（1~10 级），见表 4-3-9。

表 4-3-9　技能等级评定表

类型	评价因子	学生自查		教师评价		
		是	否	是	否	评分等级
综合能力测评（组内互评）	按时到课					
	工装整齐					
	书、笔齐					
	主动探索					
	服从分配					
	自觉学习					
	团结互助					
	小组合作					
	A					
专业能力测评（组间互评）	资料准备					
	工具借用					
	操作规范					
	步骤齐全					
	完工检验					
	安全警示					
	任务时限					
	作业完成					
	B					

（二）工作页评价

完善工作页评价表 4-3-10。

表 4-3-10　工作页评价表

序号	内容	过程评价			权重	合计
		总分	被复查的任务数	百分制成绩		
1	咨询				0.2	
2	计划				0.2	
3	决策				0.05	
4	实施				0.4	
5	检查				0.15	
工作页成绩 = （工作页评分每项最高 100 分）						C

（三）项目总成绩

完成成绩汇总表 4-3-11。

表 4-3-11　项目总成绩计算表

序号	项目工作的内容	成绩转填	权重	中间成绩
1	技能评价	（A+B）/2	0.7	
2	工作页评价	C	0.3	

序号	评价	分数段 / 分	总分：	D
1	非常好	91~100		
2	好	81~90		
3	满意	71~80	评价：	
4	足够	60~70		
5	有缺陷	30~59		
6	未掌握	0~29		

总结与提高

一、汇总分析

（1）通过本次学习，我学到的知识点 / 技能点有：_____

_____

不理解的有：_____

_____

（2）我认为在以下方面还需要深入学习并提升岗位能力，并将自己的评价分数（百分制）标在下图中。

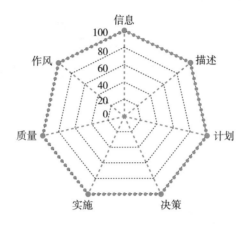

二、他山之石

小组成员评语：_____

_____

_____

教师评语：_____

_____

_____

项目四　发动机点火激励器拆装

班级：_____　　姓名：_____　　学号：_____　　日期：_____　　测评等级：_____

有关说明：

　　本项目的实施方案依据《航空器维修基础知识和实作培训规范》编写，适用于指导学生完成学习任务；同时，可作为抽查学习成果和检查学习过程的参考资料。

📝 工作描述

工作任务	发动机点火激励器拆装	教学模式	任务驱动和行动导向
建议学时	2 学时	教学地点	一体化教室
任务描述	\u3000\u3000假定飞机发动机系统涉及发动机点火激励器故障，且必须更换发动机点火激励器时，依据飞机维护手册的要求，进行发动机点火激励器的更换，并填写部件更换监控本，以保证飞机符合放行要求。 （插图） \u3000\u3000开展发动机点火激励器拆装之前，必须对发动机点火激励器拆装的工作流程有基本认知，这样在实践工作中才能关注到每个细节，提高飞机维护质量。本项目的知识点包含发动机点火激励器拆装的准备事项、操作步骤和收尾工作等，掌握本项目的内容可为顺利开展飞机排除故障工作奠定理论基础。		
学习目标	知识目标	1.掌握发动机点火激励器的功用。 2.熟悉发动机点火激励器的位置及其组成零件名称。 3.掌握拆装发动机点火激励器前的准备工作。 4.掌握拆装发动机点火激励器的工作流程。 5.掌握拆装发动机点火激励器的风险要点。 6.理解相应的飞机维护手册。 7.掌握拆装发动机点火激励器的操作要点	
	能力目标	1.能够正确简述发动机点火激励器的功用。 2.能够正确识别出发动机点火激励器的位置及其组成零件名称。 3.能根据手册要求完成拆装前的准备工作。 4.能够规范进行发动机点火激励器的拆装。 5.能够识别出并规避拆装发动机点火激励器的风险点。 6.能够正确理解飞机维护手册的内容。	

（续）

学习目标	能力目标	7.能够掌握拆装发动机点火激励器的操作要点，高效完成发动机点火激励器的拆装。 8.能做好发动机点火激励器拆装时的个人防护。 9.能做好工作现场的"6S"管理以及持续改善	
	素质目标	1.具有爱岗敬业、诚实守信、遵章守纪的良好职业道德。 2.具备严谨规范、精益求精、吃苦耐劳的优良品质。 3.具备团队协作、人际沟通良好的社会交往能力。 4.具备从事本专业工作的安全防护、安全文明生产和环境保护等意识。 5.具备"航空报国、追求卓越"的职业素养	
学习准备	维修工作单	AMM 74-11-01-000-801-F00	
	工具设备	手套、抹布、手电（按需）、工具盘、警告标识、扳手、加长杆、套筒、 内六角套筒、电插头钳、耳机、电插头保护盖	
	人员分组	小组人员岗位由组长分配	
	工作岗位	时段一	时段二
	班组长		
	操作人员		
	辅助人员		
	安全监督		
	质量检验		
	"6S"管理		
重、难点	重点	发动机点火激励器拆装规范	
	难点	发动机点火激励器拆装的风险点分析	

知识链接

一、接受维修任务

（1）领取或打印维修工作单卡：AMM 74-11-01-000-801-F00，如图 4-4-1 所示，并仔细阅读工卡，明确工卡的工作内容。

（2）领用工具设备、器材：

a.手套、抹布、手电（按需）、工具盘、警告标

CFM56 ENGINES (CFM56-7) *BOEING*

737-600/700/800/900
AIRCRAFT MAINTENANCE MANUAL

IGNITION EXCITER - REMOVAL/INSTALLATION

1. **General**
   A. This procedure has two tasks:
      (1) Ignition Exciter Removal
      (2) Ignition Exciter Installation.

   TASK 74-11-01-000-801-F00

2. **Ignition Exciter Removal**
   (Figure 401)
   A. **General**
      (1) This task provides the instructions on how to remove the ignition exciter.
      (2) The ignition exciters are found on the engine fan case at the 5:00 o'clock position.
      (3) The top ignition exciter is connected to the right ignition lead, and the bottom ignition exciter is connected to the left ignition lead.
      (4) This procedure can be used for the top or bottom ignition exciter.
   B. **References**

图 4-4-1 维修手册示意图

识、扳手、加长杆、套筒、内六角套筒、电插头钳、耳机、电插头保护盖；

　　b. 高温防咬剂，如图 4-4-2 所示；

产品介绍：

1.Royco 44 是一种重型防卡剂，其配方旨在巧妙地平衡导电性需求与耐腐蚀金属/金属允许接触适用性。Royco 44 的稠度类似于造型粘土，颜色为黑色。

2.ROYCO 44 推荐用作螺纹紧固件、配件以及火花塞、点火器和需要导电防卡剂或扭矩辅助的类似螺纹飞机发动机附件的防卡剂。

图 4-4-2　高温防咬剂

　　c. 点火激励器。

二、拆卸准备

（1）拔出以下跳开关（见表 4-4-1、图 4-4-3），并挂警告标识。

表 4-4-1　机长后侧电气系统跳开关面板 P18-2

行	列	电气设备号	名称
A	1	C00458	ENGINE 1 IGNITION RIGHT
A	3	C00153	ENGINE 1 IGNITION LEFT

图 4-4-3　P18-2 跳开关面板

（2）确保起动手柄放置到 CUT OFF 位并挂警告标识。

（3）确保发动机起动电门放置到 OFF 位并挂警告标识，如图 4-4-4 所示。

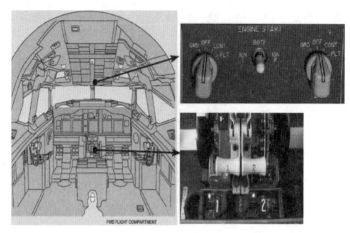

图 4-4-4　起动手柄和启动电门位置

（4）依据工卡 TASK 71-11-02-010-801-F00 打开发动机风扇整流罩。

警告：执行点火系统工作之前，应确保点火激励器断电至少 5min，点火系统为高电压危险系统。不要碰触电插头，点火激励器在断电情况下也可能带电。不遵守本步骤可能会导致人员受伤。

（5）断电后等待至少 5min，以释放点火激励器中的高压电。

三、点火激励器拆卸

（1）点火激励器简图如图 4-4-5 所示，断开点火激励器 [2] 前部的供电线 [4]；

注意：确保手和工具干净，不要将手或者工具上的污物和油脂接触到点火导线，污物和油脂会导致点火导线损坏。

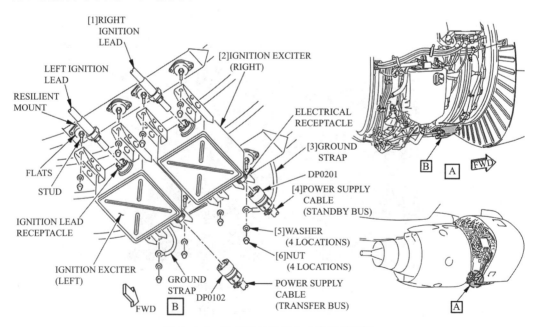

图 4-4-5　飞机维护手册点火激励器简图

（2）断开点火激励器 [2] 后部的点火导线 [1]，在插头和插座上安装保护盖；

（3）执行以下步骤从风扇机匣上拆下点火激励器 [2]：

a. 用开口扳手固定垫座（FLATS）上的螺栓头（STUD）；

提示：螺栓头在减震座（RESILIENT MOUNT）和点火激励器 [2] 之间。

b. 拆除用于连接点火激励器 [2] 到支架的 4 个螺母 [6] 和垫片 [5]；

c. 拆除接地线 [3]；

d. 拆除点火激励器 [2]，保护并放至指定位置。

四、点火激励器安装

（1）执行以下步骤将点火激励器 [2] 安装到风扇机匣上：

a. 将点火激励器 [2] 安装到螺栓头（STUD）上。

b. 将接地线 [3] 的末端安装到与其邻近的点火激励器 [2] 的螺栓上。

提示：接地线安装在垫片 [5] 和点火激励器 [2] 之间。

c. 将 4 个垫片 [5] 安装到螺栓上。

d. 在螺栓的螺纹末端涂抹一层薄的防咬剂。

e. 用开口扳手固定垫座（FLATS）上的螺栓头（STUD），在螺栓上安装 4 个螺母 [6]。

提示：螺栓头在减震座（RESILIENT MOUNT）和点火激励器 [2] 之间。

f. 使用扳手固定螺栓头，将螺母 [6] 磅力矩至 110~120lbf·in（12.4~13.6N·m）。

（2）执行以下步骤将点火导线 [1] 安装到点火激励器 [2] 后部的插座上：

a. 拆除点火导线 [1] 的插头和插座上的保护盖。

注意：安装点火导线时应确保点火导线清洁，点火导线上的污染物会导致设备损坏。

b. 将点火导线 [1] 连到点火激励器 [2] 后侧的点火导线插座上：拧紧点火导线 [1] 上的螺母，磅力矩至 140~160 lbf·in（16.0~18.0N·m）。

（3）将供电线 [4] 安装到点火激励器 [2] 前部的插座上。

五、点火激励器测试

（1）取下警告标识，闭合以下跳开关。

（2）取下启动手柄和启动电门上的警告标识。

（3）执行点火系统听声测试：TASK 74-00-00-750-801-F00。

六、收尾

（1）清点工具。

（2）恢复工作现场。

（3）恢复飞机状态，关闭风扇整流罩（TASK 71-11-02-410-801-F00）。

（4）确保维修工作单卡、飞行记录本等维修记录已完成签署。

（5）归还工具设备。

（6）器材回仓。

（7）将维修工作单卡等维修记录反馈给相关部门。

🔍 任务提示

一、引导文

（1）了解发动机点火激励器更换前的准备事项。

（2）掌握发动机点火激励器更换的操作流程。

（3）熟悉发动机点火激励器更换后的收尾工作。

二、工作方法

（1）查阅手册后回答引导问题，可以使用的材料有手册、网络资源等。

（2）以小组讨论的形式完成工作计划。

（3）按照工作计划，完成维修工作单卡的填写和更换发动机点火激励器的任务，对于计划中未考虑的问题，请先尽量自行解决，如果无法解决再与培训教师进行讨论。

（4）与教师讨论，进行工作总结。

三、工作内容

（1）分析打印维修工作单卡，拟订测量计划。

（2）工具、耗材的选择。

（3）更换发动机点火激励器。

（4）工具、设备、现场"6S"管理。

（5）更换发动机点火激励器后的检查。

四、知识储备

（1）更换发动机点火激励器工具的借用。

（2）发动机点火激励器更换的安全与规范意识。

（3）发动机点火激励器更换后的质量分析。

（4）力矩磅表有效性的检查。

（5）航空基本装配技能。

（6）完工质量检验的标准。

五、注意事项与工作提示

（1）本示例介绍发动机点火激励器的更换，请依据机型维修手册要求，严格遵守在发动机区域执行工作的安全规范。

（2）实训时穿戴好劳保用品。

（3）拆下部附件后，工具、航材需放在托盘收好，防止遗失。

（4）拆装过程中时刻注意不要擦碰到飞机结构，防止损坏飞机。

（5）如果发现拆装过程中的任何异常现象，请及时停工，并向指导教师报告。

（6）发动机点火激励器更换完成后，应及时清点工具设备，并及时恢复飞机状态。

六、劳动安全

（1）未安装起落架安装销，起落架可能会意外收起，造成人员伤亡和设备损坏。

（2）未挡好飞机轮挡，飞机可能会意外滑动，造成人员伤亡和设备损坏。

（3）工量具轻拿轻放，正确使用测量工具。

七、环境保护

（1）参照飞机维护手册相应章节的内容。

（2）飞机应停放在规定位置。

（3）工具设备应按规定放置。

⚙ 工作过程

一、任务咨询

（一）学习任务

1. 查阅相关资料，简述发动机点火激励器的工作原理。

_____

_____

_____

2. 下列说法正确的是（　　　）。

A. 1号发动机点火系统使用交流转换汇流条1和交流备用汇流条的电源

B. 2号发动机点火系统使用交流转换汇流条1和交流备用汇流条的电源

C. 1号发动机点火系统使用交流转换汇流条2和交流备用汇流条的电源

D. 2号发动机点火系统使用交流转换汇流条2和交流备用汇流条的电源

3. 查阅相关资料，简述发动机启动电门不同位置的工作情况。

_____

_____

_____

（二）查询任务

1. 发动机点火激励器是将_____电压转变成_____的电压。

2.当发动机点火电门置于 L 位时，电源通往哪些点火激励器？（　　　）

A. 1 号发动机右点火

B. 2 号发动机左点火

C. 1 号发动机左点火

D. 2 号发动机右点火

3.未按照手册要求，正确执行发动机点火激励器更换后的状态恢复，可能会出现的后果？

_____

_____

_____

4.每台发动机点火系统包括的部件为（　　　）。

A. 两个点火激励器、两根点火导线、两个点火电嘴

B. 两个点火激励器、两根点火导线、两个点火电嘴、两根空气总管

C. 两个点火激励器、两根点火导线、四个点火电嘴、两根空气总管

D. 以上都不对

5.点火系统测试在（　　　）上进行。

A. EEC　　　　　　　　B. CDU　　　　　　　　C. 点火激励器　　　　D. HMU

二、任务计划

（一）查询工作

查询手册，制定本任务工序卡，在表 4-4-2 中表述你的工序。

表 4-4-2　更换发动机点火激励器的工序卡

序号	区域	工作步骤	工具 / 设备	时间
签字		校对		审核
日期				

（二）记录工作

完成更换该部件需要的设备、工具记录表 4-4-3。

表 4-4-3　更换发动机点火激励器需要的设备、工具清单

序号	名称	型号	数量	用途	备注
1					
2					
3					
4					
5					
6					
7					
8					
9					

（三）判断

1. 雷雨天气是否可以执行发动机点火激励器更换？简要说明缘由。

_____

_____

2. 发动机点火激励器更换过程中需注意哪些因素的影响？（　　　　）

A. 拆装过程不要损坏点火导线接头

B. 可以使用白酒清洁发动机点火激励器

C. 禁止油液进入点火激励器

D. 安装过程不要触摸损坏插头销钉

三、任务决策

（一）学习任务

更换施工前，进行关键技术方面的检查、决策，按表 4-4-4 要点执行。

表 4-4-4　决策要素

序号	决策点	请决策	
1	是否持单作业	是〇	否〇
2	施工场地是否满足要求	是〇	否〇
3	工具设备是否满足	是〇	否〇
4	人员资质配备是否满足要求	是〇	否〇
5	施工过程的潜在风险是否清楚	是〇	否〇

表 4-4-4（续）

序号	决策点	请决策	
6	施工工序是否清晰	是〇	否〇
7	完工检查是否规范	是〇	否〇
8	劳动保护是否达到要求	是〇	否〇
9	是否征求了教师的意见	是〇	否〇

（二）对比任务

与教师制订的工作方案对比，进行决策分析。

_____

_____

_____

四、任务实施

（一）学习任务

为了工作的精益化，完成更换过程记录表 4-4-5，方便日后总结。

表 4-4-5　更换发动机点火激励器的过程记录

事项	属于精益调整	属于正常操作	用时 /min
准备躺椅	高效完成拆卸		3
拆装前清洁施工周围区域		安全规范操作且符合要求	5
佩戴口罩			
工具设备借用齐全			
维修资料在施工现场			
同事在工作现场协助			
记录更换件信息			
在室内完成该操作			
拆装过程中始终用手托住部件			
同事协助检查磅表力矩值			
清洁发动机点火激励器区域			
检查风扇锁扣			

（二）实训任务

1. 完成发动机点火激励器更换前，需要执行哪些项目？（　　　）

A. 确保工作现场符合施工要求　　　　B. 严格执行断电操作

C. 断开相应的电门，并悬挂警告标识　　D. 依据工卡执行发动机滑油添加

2. 记录更换新件的型号：_____。

3.未严格按照手册要求执行发动机点火激励器更换前的断电要求，可能会出现哪些后果？

_____

_____

4.发动机点火激励器更换施工时出现大风情况，该如何处理？

_____

_____

（三）巩固任务

如果完成发动机点火激励器更换后，依旧无法完成发动机点火，请给出处理方案。

_____

_____

五、任务检查

（一）检查工作

进行完工检查，检查结果记录在之前制定的质量检查记录表中，对不符合要求的质量缺陷，完成表4-4-6，并分析原因，制定措施。

表4-4-6　质量分析记录表

发动机点火激励器拆装			时间	
序号	质量要求	实际状况	差错分析	整改措施
1	拆装前断电 5min 以上			
2	保持施工区域整洁			
3	基座螺钉涂抹防咬剂			
4	电插头安装牢靠			
5	搭地线安装牢靠			
6				
7				
8				

（二）学习任务

检查自己的工作计划，完善表4-4-7，判断完成的情况。

表 4-4-7 计划完成情况检查表

检查项目	检查结果		完善点	其他
工时执行				
"6S" 执行				
质量成果				
学习投入				
获取知识				
技能水平				
安全、环保				
设备使用				
突发事件				

六、任务评价

（一）技能评价

"发动机点火激励器拆装"由评价人设定发动机点火激励器拆装的操作步骤，依据结果评定等级（1~10 级），见表 4-4-8。

表 4-4-8 技能评价表

类型	评价因子	学生自查		教师评价		
		是	否	是	否	评分等级
综合能力测评 （组内互评）	按时到课					
	工装整齐					
	书、笔齐					
	主动探索					
	服从分配					
	自觉学习					
	团结互助					
	小组合作					
	A					
专业能力测评 （组间互评）	资料准备					
	工具借用					
	操作规范					
	步骤齐全					
	完工检验					
	安全警示					
	任务时限					
	作业完成					
	B					

（二）工作页评价

完善工作页评价表 4-4-9。

表 4-4-9　工作页评价表

序号	内容	过程评价			权重	合计
		总分	被复查的任务数	百分制成绩		
1	咨询				0.2	
2	计划				0.2	
3	决策				0.05	
4	实施				0.4	
5	检查				0.15	
工作页成绩 = （工作页评分每项最高 100 分）						C

（三）项目总成绩

完成成绩汇总表 4-4-10。

表 4-4-10　项目总成绩计算表

序号	项目工作的内容	成绩转填		权重	中间成绩
1	技能评价	（A+B）/2		0.7	
2	工作页评价	C		0.3	

序号	评价	分数段 / 分		
1	非常好	91~100	总分：	D
2	好	81~90		
3	满意	71~80		
4	足够	60~70	评价：	
5	有缺陷	30~59		
6	未掌握	0~29		

总结与提高

一、汇总分析

（1）通过本次学习，我学到的知识点 / 技能点有：_____

_____

_____

不理解的有：_____

_____

_____

（2）我认为在以下方面还需要深入学习并提升岗位能力，并将自己的评价分数（百分制）标在下图中。

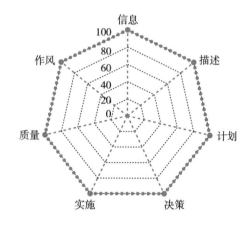

二、他山之石

小组成员评语：_____

_____

_____

教师评语：_____

_____

_____

项目五　飞机机轮拆装

主轮更换

班级：_____　　姓名：_____　　学号：_____　　日期：_____　　测评等级：_____

有关说明：

本项目的实施方案依据《航空器维修基础知识和实作培训规范》编写，适用于指导学生完成学习任务；同时，可作为抽查学习成果和检查学习过程的参考资料。

📝 工作描述

工作任务	飞机机轮拆装	教学模式	任务驱动和行动导向
建议学时	2 学时	教学地点	一体化教室
任务描述	假定飞机起落架系统涉及飞机机轮故障，且必须更换飞机机轮时，依据飞机维护手册的要求，进行飞机机轮的更换，并填写部件更换监控本，以保证飞机符合放行要求。 开展飞机机轮拆装之前，必须对飞机机轮拆装的工作流程有基本认知，这样在实践工作中才能关注到每个细节，提高飞机维护质量。本项目的知识点包含飞机机轮拆装的准备事项、操作步骤和收尾工作等，掌握本项目的内容可为顺利开展飞机排除故障工作奠定理论基础		
学习目标	知识目标	1. 掌握飞机机轮的功用。 2. 熟悉飞机机轮的位置及其组成零件名称。 3. 掌握拆装飞机机轮前的准备工作。 4. 掌握拆装飞机机轮的工作流程。 5. 掌握拆装飞机机轮的风险要点。 6. 理解相应的飞机维护手册。 7. 掌握拆装飞机机轮的操作要点	
	能力目标	1. 能够正确简述飞机机轮的功用。 2. 能够正确识别出飞机机轮的位置及其组成零件名称。 3. 能根据手册要求完成拆装前的准备工作。 4. 能够规范进行飞机机轮的拆装。 5. 能够识别出并规避拆装飞机机轮的风险点。 6. 能够正确理解飞机维护手册的内容。	

模块四　航线可更换件拆装

（续）

学习目标	能力目标	7. 能够掌握拆装飞机机轮的操作要点，高效完成飞机机轮的拆装。 8. 能做好飞机机轮拆装时的个人防护。 9. 能做好工作现场的"6S"管理以及持续改善
	素质目标	1. 具有爱岗敬业、诚实守信、遵章守纪的良好职业道德。 2. 具备严谨规范、精益求精、吃苦耐劳的优良品质。 3. 具备团队协作、人际沟通良好的社会交往能力。 4. 具备从事本专业工作的安全防护、安全文明生产和环境保护等意识。 5. 具备"航空报国、追求卓越"的职业素养
学习准备	维修工作单	AMM 32-45-11-000-801
	工具设备	轮轴千斤顶、套筒、扳手、保险钳、剪钳、尖嘴钳、轮轴保护套、螺纹保护套、主轮轴螺母套筒、机轮工具小车 COM-1818、轮胎放气工具（按需）、工具盘、磅表、加力杆、手套、抹布、手电（按需）
	人员分组	小组人员岗位由组长分配
	工作岗位	时段一	时段二
	班组长		
	操作人员		
	辅助人员		
	安全监督		
	质量检验		
	"6S"管理		
重、难点	重点	飞机机轮拆装准备与拆装规范
	难点	飞机机轮拆装的风险点分析

知识链接

一、接受维修任务

（1）领取或打印维修工作单：主轮拆装 AMM 32-45-11-000-801，如图 4-5-1 所示，并仔细阅读工卡，明确工卡的工作内容。

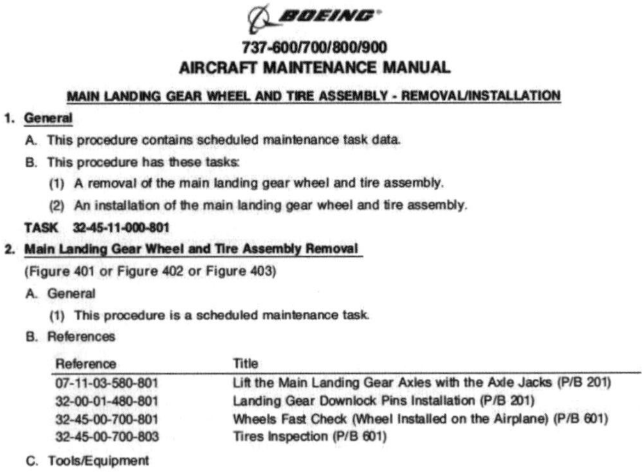

（2）领用工具、设备、器材。

a. 轮轴千斤顶、套筒、扳手、保险钳、剪钳、尖嘴钳、轮轴保护套、螺纹保护套、主

737-600/700/800/900

AIRCRAFT MAINTENANCE MANUAL

MAIN LANDING GEAR WHEEL AND TIRE ASSEMBLY - REMOVAL/INSTALLATION

1. **General**

A. This procedure contains scheduled maintenance task data.

B. This procedure has these tasks:

(1) A removal of the main landing gear wheel and tire assembly.

(2) An installation of the main landing gear wheel and tire assembly.

TASK 32-45-11-000-801

2. **Main Landing Gear Wheel and Tire Assembly Removal**

(Figure 401 or Figure 402 or Figure 403)

A. General

(1) This procedure is a scheduled maintenance task.

B. References

Reference	Title
07-11-03-580-801	Lift the Main Landing Gear Axles with the Axle Jacks (P/B 201)
32-00-01-480-801	Landing Gear Downlock Pins Installation (P/B 201)
32-45-00-700-801	Wheels Fast Check (Wheel Installed on the Airplane) (P/B 601)
32-45-00-700-803	Tires Inspection (P/B 601)

C. Tools/Equipment

图 4-5-1　维修手册示意图

轮轴螺母套筒、机轮工具小车 COM-1818、轮胎放气工具（按需）、工具盘、磅表、加力杆、手套、抹布、手电（按需）；

b. 润滑脂、防腐剂、保险丝；

c. 机轮组件。

二、外侧主轮拆卸准备

警告：确保所有起落架已安装安全销，防止起落架意外收起。

（1）如果没有安装前起和主起的安全销，执行工作：起落架安全销安装，TASK 32-00-01-480-801；

（2）确保前起和另一侧的主起机轮已放置轮挡；

（3）确保停留刹车已松开；

（4）用轮轴千斤顶顶升机轮组件离开地面，执行工作：顶升主起落架轮轴，TASK 07-11-03-580-801；确保已设置停留刹车，并挂警告标识。

提示：设置停留刹车可以对齐刹车止动盘，方便机轮安装。

警告：拆卸机轮组件前应对轮胎进行放气，或执行机轮轮胎检查以确保其安全。轮胎气压可能导致受损的机轮爆胎，导致人员受伤、设备受损。

警告：建议一次只拆下一个机轮。如果同时拆下两个机轮，当飞机从千斤顶滑落时可能导致飞机结构受损、人员受伤。

三、检查机轮组件

确认拆卸机轮时不放气是否安全。如果检查结果为不安全，则给轮胎放气。

提示：如果拆下的机轮组件不再装回，则给轮胎放气，避免运输充气的轮胎。

（1）检查机轮轮胎组件和/或内侧机轮轮胎组件是否存在以下情况：

a. 检查轮胎，确保无漏气、擦伤、非正常磨损、割伤或胎面定点磨平；

b. 检查轮毂，确保无明显损伤，包括腐蚀、松动、损伤、紧固螺栓或螺母丢失、热损伤或裂纹；

c. 如果机轮组件存在以上任意一种情况，必须对轮胎完全放气。

警告：确保所有人员不在充气活门的吹出轨迹上。如果拆卸时充气活门被吹出，会导致人员受伤。

注意：轮轴上放过气的轮胎禁止接触地面，否则可能使胎圈座移动错位，导致渗漏，进而损伤轮毂和轮胎。

注意：不要用太大力量顶气门芯，否则可能损坏气门芯内部机构，造成气门芯内部机构卡滞，损坏气门芯。

（2）使用小口径放气工具 COM-4046 或 COM-1524 给轮胎放气，记录轮胎剩余压力值：_____psi。

提示：如果机轮没有受损，可以将轮胎放气至50psi或勤务气压25%的剩余压力。轮胎内的剩余压力可以防止机轮在运输过程中受损。

（3）如果因气门芯损坏导致无法按正常程序放气，执行以下工作：

a. 缓慢逆时针转动充气活门直到出现漏气；

b. 轻压活门组件；

c. 所有气体放出后，拆下充气活门组件。

四、外侧主轮拆卸

（1）主轮组件简图如图 4-5-2 所示。执行以下步骤，拆除轮毂罩：

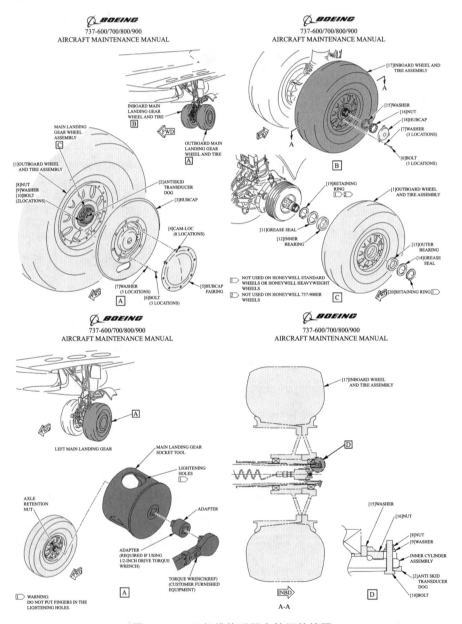

图 4-5-2　飞机维修手册主轮组件简图

a. 转动 8 个快卸紧固件 [4] 四分之一圈，从外侧轮毂罩 [3] 上拆下轮毂罩盖 [5]；

b. 拆下 3 个螺栓 [6] 和垫圈 [7]，从机轮组件 [1] 上脱开外侧轮毂罩 [3]。

（2）执行以下步骤，拆下主轮组件：

a. 拆下固定机轮轮轴螺母 [16] 的两个螺母 [8]、两个垫圈 [9] 和两个螺栓 [10]。

警告：拆装机轮螺母时，不要将手指放入机轮螺母拆装套筒的观察孔中，否则可能造成人员受伤。

b. 使用套筒 SPL-1865 拆除螺母 [16]。

c. 拆下保持垫圈 [15]。

d. 在轮轴螺纹上安装螺纹保护套 SPL-1876。

e. 使用机轮 / 刹车工具小车 COM-1818，抬起并拆下机轮组件 [1]。

f. 在 NRC 上标明拆件原因。

提示：因气压值低而拆下的机轮需要写明该气压值。

g. 拆除机轮组件。

h. 安装轮轴保护套 SPL-1876。

五、外侧主轮安装前准备

（1）拆除轮轴保护套 SPL-1876。

（2）清除轮轴上旧的油脂。

（3）清除刹车组件内径上所有旧的油脂。

警告：刹车粉尘对人体有害，拆装刹车组件时，需佩戴适当的个人防护设备，以保护眼睛。

（4）检查刹车，执行工作：刹车检查（机轮拆除后），TASK 32-41-41-700-803。

（5）检查轮轴。

（6）检查轮轴轮毂罩 [3] 内的防滞传感器驱动部件是否有损伤。

（7）如果机轮不是新的，则检查轴承、封严以及机轮其他部件。

（8）如果轮胎不是新的，则执行轮胎检查，TASK 32-45-00-700-803。

（9）如果需要安装机轮内外侧轴承，执行以下步骤：

a. 给轴承组件涂 Aeroshell 22、Mobil 28 或 SHC 100 油脂。

注意：确保机轮外侧安装了正确的轴承。将内侧轴承安装在外侧会造成机轮损伤。

b. 将内侧轴承 [12] 安装在机轮内侧，外侧轴承 [13] 安装在机轮外侧。

注意：在机轮外侧安装正确的油脂封严。将内侧油脂封严安装在外侧会造成封严损伤。

c. 在机轮内侧安装油脂封严 [11]，在机轮外侧安装油脂封严 [14]。

d. 在机轮内侧和外侧分别安装保持环 [19] 和 [20]。

提示：某些构型的机轮组件可能没有保持环 [19] 和 [20]，或者外观和图示有差异。

六、安装机轮组件

注意：不要在轴承之间的轮轴区域涂抹油脂。着陆时产生的高温可能导致该区域的油脂燃烧，损伤轮毂、轮胎和刹车。

（1）在两个机轮轴承接触轮轴的内表面抹一薄层 Aeroshell 22、Mobil 28 或 SHC 100 油脂。

（2）在垫圈 [15] 和螺母 [16] 表面以及轮轴螺纹上抹一薄层 Aeroshell 22、Mobil 28 或 SHC 100 油脂。

（3）在接触机轮轴承的轮轴区域抹一薄层 Aeroshell 22、Mobil 28 或 SHC 100 油脂。

警告：刹车粉尘对人体有害，拆装刹车组件时，应佩戴适当的个人防护设备，以保护眼睛。

（4）如果需要对齐刹车动盘，执行以下步骤：

a. 松开停留刹车。

注意：确保刹车动盘对齐，否则在机轮安装过程中轮毂上的驱动键对动盘的撞击可能造成动盘损坏。

b. 对齐刹车盘。

c. 设置停留刹车。

提示：这将使动盘保持对齐。

（5）确保螺纹保护套 SPL−1876 已安装。

（6）使用机轮 / 刹车安装工具小车 COM−1818，安装机轮组件 [1]。

提示：确保轮毂上的动盘驱动键槽已卡入刹车动盘的键槽。

（7）拆下螺纹保护套 SPL−1876。

注意：在安装和紧固轮轴螺母前确保已将机轮和锁定垫圈完全推到位。确保锁凸完全卡入轮轴的键槽内。不要用轮轴螺母将机轮和锁定垫圈推到位。否则可能造成机轮松动并损伤设备。

（8）安装垫圈 [15]。

（9）安装螺母 [16]。

（10）释放停留刹车。

警告：不要将手指放入机轮螺母拆装套筒的观察孔中，否则可能造成人员受伤。

（11）使用套筒 SPL−1865 和磅表 STD−1021，拧紧螺母 [16]：

a. 转动机轮的同时，将螺母 [16] 磅力矩至 500~600lbf·ft（678~813N·m），记录实际力矩值：_____；

b. 停止机轮转动；

c. 转动轮子的同时，将螺母 [16] 拧松到接近 10~30lbf·ft（14~41N·m）的力矩值；

提示：该步骤的作用是将轴承固定在位。如果螺母完全拧松到力矩值为零，需要重新固定轮毂。

d. 继续转动机轮，同时将螺母 [16] 磅力矩至 150lbf·ft（203N·m），记录实际力矩值：_____；

e. 如果螺栓 [10] 的安装孔没有对齐，继续磅螺母 [16] 使孔对齐。

提示：这些孔每转动螺母 6° 会对齐。

螺母的力矩不得超过 300lbf·ft（407N·m）。记录实际力矩值：_____

_____。

（12）执行以下步骤，安装两个螺栓 [10]，将螺母 [16] 锁定在机轮组件 [1] 上：

a. 安装两个螺栓 [10]，螺栓头在轮轴内部；

b. 安装垫圈 [9] 和螺母 [8]；

c. 拧紧两个锁定螺栓 [10]，在其自锁力矩值基础上再磅力矩值 63~67lbf·ft（7.1~7.6N·m），记录螺栓力矩值：_____。

警告：不要将轮毂罩安装螺栓拧得过紧。在拧紧前确保轮毂罩位置正确。过大的紧固力矩可能损伤螺栓和轮毂罩。

七、安装轮毂罩 [3]

（1）转动机轮组件 [1] 内的防滞传感器 [2]，使机轮轮毂罩 [3] 上的驱动器和防滞传感器 [2] 正确连接。

（2）将轮毂罩 [3] 放到机轮组件 [1] 上。

（3）检查轮毂罩和机轮组件是否平齐。

提示：使用软锤轻敲轮毂罩使其平齐。

（4）安装 3 个螺栓 [6] 和 3 个垫圈 [7]，将轮毂罩 [3] 安装到机轮组件，并将螺栓 [6] 磅力矩至 50~80lbf·in（5.7~9.0N·m），记录实际力矩值：_____ lbf·in。

（5）在螺栓 [6] 上打保险。

（6）将轮毂罩盖 [5] 放置到轮毂罩 [3] 上。

（7）转动 8 个快卸紧固件 [4] 四分之一圈，安装轮毂罩盖 [5] 到轮毂罩 [3] 上。

八、执行轮胎气压检查和勤务（TASK 12-15-51-780-801）

提示：轮胎必须充气到正常使用的胎压的一半以上才能撤走千斤顶。

九、收尾

（1）清点工具。

（2）恢复工作现场。

（3）恢复飞机状态，放下轮轴，撤走千斤顶，TASK 07-11-03-580-801。

（4）确保维修工作单卡、飞行记录本等维修记录已完成签署。

（5）归还工具设备。

（6）器材回仓。

（7）将维修工作单卡等维修记录反馈给相关部门。

🔍 任务提示

一、引导文

（1）了解飞机机轮更换前的准备事项。

（2）掌握飞机机轮更换的操作流程。

（3）熟悉飞机机轮更换后的收尾工作。

二、工作方法

（1）查阅手册后回答引导问题，可以使用的材料有手册、网络资源等。

（2）以小组讨论的形式完成工作计划。

（3）按照工作计划，完成维修工作单卡的填写和更换飞机机轮的任务，对于计划中未考虑的问题，请先尽量自行解决，如果无法解决再与培训教师进行讨论。

（4）与教师讨论，进行工作总结。

三、工作内容

（1）分析打印维修工作单卡，拟订测量计划。

（2）工具、耗材的选择。

（3）更换飞机机轮。

（4）工具、设备、现场"6S"管理。

（5）更换飞机机轮后的检查。

四、知识储备

（1）更换飞机机轮工具的借用。

（2）飞机机轮更换后的质量分析。

（3）力矩磅表有效性的检查。

（4）航空基本装配技能。

（5）完工质量检验的标准。

五、注意事项与工作提示

（1）严格遵守在起落架轮舱区域执行工作的安全规范。

（2）实训时穿戴好劳保用品。

（3）拆下部附件后，工具、航材需放在托盘收好，防止遗失。

（4）拆装过程中时刻注意不要擦碰到飞机结构，防止损坏飞机。

（5）如果发现拆装过程中的任何异常现象，请及时停工，并向指导教师报告。

（6）飞机机轮更换完成后，应及时清点工具设备，并及时恢复飞机状态。

六、劳动安全

（1）未安装起落架安装销，起落架可能会意外收起，造成人员伤亡和设备损坏。

（2）未挡好飞机轮挡，飞机可能会意外滑动，造成人员伤亡和设备损坏。

（3）工量具轻拿轻放，正确使用测量工具。

（4）遵循在起落架区域施工的规范，防止人员磕碰擦伤。

七、环境保护

（1）参照飞机维护手册相应章节的内容。

（2）飞机应停放在规定位置。

（3）工具设备应按规定放置。

⚙ 工作过程

一、任务咨询

（一）学习任务

1.查阅相关资料，简述飞机机轮的功能。

_____

_____

_____

2.查阅相关资料，简述飞机机轮的构成。

_____

_____

_____

3.查阅相关资料，简述飞机机轮的收放控制。

_____

_____

_____

_____

（二）查询任务

1.未严格按照手册要求执行顶升飞机机轮，可能会出现哪些后果？

_____

_____

_____

2.未按照手册要求正确执行飞机机轮轮轴的检查，可能会出现哪些后果？

_____

_____

_____

二、任务计划

（一）查询工作

查询手册，制定本任务工序卡，在表 4-5-1 中表述你的工序。

表 4-5-1　更换飞机机轮的工序卡

序号	区域	工作步骤	工具 / 设备	时间
签字		校对		审核
日期				

（二）记录工作

完成更换飞机机轮需要的设备、工具记录表 4-5-2。

表 4-5-2　更换飞机机轮需要的设备、工具清单

序号	名称	型号	数量	用途	备注
1					
2					
3					
4					
5					
6					
7					
8					
9					

（三）判断

大风天气是否可以执行飞机机轮更换？简要说明理由。

_____

_____

_____

三、任务决策

（一）学习任务

实训前，进行关键技术方面的检查、决策，按表 4-5-3 要点执行。

表 4-5-3　决策要素

序号	决策点	请决策	
1	是否持单作业	是○	否○
2	施工场地是否满足要求	是○	否○
3	工具设备是否满足	是○	否○
4	人员资质配备是否满足要求	是○	否○
5	施工过程中的潜在风险是否清楚	是○	否○
6	施工工序是否清晰	是○	否○
7	完工检查是否规范	是○	否○
8	劳动保护是否达到要求	是○	否○
9	是否征求了教师的意见	是○	否○

（二）对比任务

与教师制订的工作方案对比，进行决策分析。

四、任务实施

（一）学习任务

为了工作的精益化，完成更换过程记录表 4-5-4，方便日后总结。

表 4-5-4　更换飞机机轮的过程记录

事项	属于精益调整	属于正常操作	用时 /min
借用充气管			3
工具设备借用齐全		安全、规范施工	5
维修资料在施工现场			
同事在工作现场协助			
记录更换件信息			
拆下前设置停留刹车			
拆装过程中使用换轮托架			
同事协助检查磅表力矩值			

表 4-5-4（续）

事项	属于精益调整	属于正常操作	用时 /min
放下千斤顶前检查机轮区域			
将千斤顶顶柱收下			
测量机轮轮胎气压			
清洁机轮区域			

（二）实训任务

1. 执行飞机机轮更换前，需要执行哪些项目？（　　　　）

A. 确保飞机已挡好轮挡

B. 已按要求安装起落架安全销

C. 外场更换时，遵循大风天气风速的要求

D. 严格依据工卡打开空调

2. 记录更换新件的型号：_____。

（三）巩固任务

如果执行飞机机轮安装时，二次对孔力矩超过手册要求，请给出后续操作方案。

_____

_____

_____

五、任务检查

（一）检查工作

进行完工检查，检查结果记录在之前制定的质量检查记录表中，对不符合要求的质量缺陷，完成表 4-5-5，并分析原因，制定措施。

表 4-5-5　质量分析记录表

飞机机轮			时间	
序号	质量要求	实际状况	差错分析	整改措施
1	紧固件已磅要求力矩			
2	保护盖已打保险			
3	机轮安装到位			
4	机轮下方无污物			
5	轮挡已挡好			
6	机轮气压满足要求			
7	工具设备无遗失			
8	飞机已恢复至正常状态			

（二）学习任务

检查自己的工作计划，完善表 4-5-6，判断完成的情况。

表 4-5-6　计划完成情况检查表

检查项目	检查结果			完善点	其他
工时执行					
"6S"执行					
质量成果					
学习投入					
获取知识					
技能水平					
安全、环保					
设备使用					
突发事件					

六、任务评价

（一）技能评价

"飞机机轮拆装"由评价人设定飞机机轮拆装的操作步骤，依据结果评定等级（1~10 级），见表 4-5-7。

表 4-5-7　技能评价表

类型	评价因子	学生自查		教师评价		
		是	否	是	否	评分等级
综合能力测评（组内互评）	按时到课					
	工装整齐					
	书、笔齐					
	主动探索					
	服从分配					
	自觉学习					
	团结互助					
	小组合作					
	A					
专业能力测评（组间互评）	资料准备					
	工具借用					
	操作规范					
	步骤齐全					
	完工检验					

表 4-5-7（续）

类型	评价因子	学生自查		教师评价		
		是	否	是	否	评分等级
专业能力测评（组间互评）	安全警示					
	任务时限					
	作业完成					
	B					

（二）工作页评价

完善工作页评价表 4-5-8。

表 4-5-8　工作页评价表

序号	内容	过程评价			权重	合计
		总分	被复查的任务数	百分制成绩		
1	咨询				0.2	
2	计划				0.2	
3	决策				0.05	
4	实施				0.4	
5	检查				0.15	
工作页成绩 =（工作页评分每项最高 100 分）						C

（三）项目总成绩

完成成绩汇总表 4-5-9。

表 4-5-9　项目总成绩计算表

序号	项目工作的内容	成绩转填	权重	中间成绩
1	技能评价	（A+B）/2	0.7	
2	工作页评价	C	0.3	

序号	评价	分数段 / 分	总分：	D
1	非常好	91~100		
2	好	81~90		
3	满意	71~80	评价：	
4	足够	60~70		
5	有缺陷	30~59		
6	未掌握	0~29		

总结与提高

一、汇总分析

（1）通过本次学习，我学到的知识点 / 技能点有：_____

_____

不理解的有：_____

_____

（2）我认为在以下方面还需要深入学习并提升岗位能力，并将自己的评价分数（百分制）标在下图中。

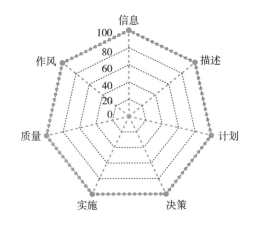

二、他山之石

小组成员评语：_____

_____

教师评语：_____

_____

_____

思考与练习

一、填空题

1.拆除引气系统部件之前，必须确保引气系统已释压，如果系统没有释压，_____将导致人员受伤或设备损坏。

2.用双扳手松开管路卡箍螺母。一个扳手用于 _____ ，另一个扳手松开螺母，如果不使用双扳手，将损坏 _____ 和 _____ 端部。

3.EMDP 壳体回油滤组件安装时，确保将单向活门安装"出"口，单向活门上的箭头与滤芯顶部的箭头＿＿＿＿＿＿＿，如果安装错误，将导致＿＿＿＿＿＿＿。

4. 在灯泡更换过程中必须更换新封严，封严由于高温作用会＿＿＿＿＿＿＿，新封严可以防止＿＿＿＿＿＿＿。

5. 设置停留刹车可以＿＿＿＿＿＿＿，方便机轮安装。

二、选择题

1. 安装发动机高压级活门时，检查封圈的步骤有哪些？（　　　）

A. 确保封圈没有裂纹　　　　　　　　　B. 如果发现损伤必须修补封圈

C. 如果发现损伤更换封圈　　　　　　　D. 确保封圈没有凹坑或者其他损伤

2. EMDP 壳体回油滤组件安装时，如果需要将旧的壳体回油滤的（　　　）安装到新件上？

A. 从壳体回油滤上拆除转接头　　　　　B. 单向活门

C. 封圈　　　　　　　　　　　　　　　D. 滤芯

3. 安装新灯泡时，拧螺丝的要求是什么？（　　　）

A. 如果拧螺钉太紧，保持环将会变形，会导致设备损坏

B. 螺钉受力较小，因此越松越好

C. 为了拧紧不松脱，越紧越好

D. 为了整体受力均衡，松紧适宜为好

4. 从风扇机匣上拆下点火激励器的程序是什么？（　　　）

A. 用开口扳手固定垫座上的螺栓

B. 拆除用于连接点火激励器到支架的 4 个螺母和垫片

C. 拆除接地线

D. 拆除点火激励器，保护并放至指定位置

5. 轮轴上放过气的轮胎为什么禁止接触地面？（　　　）

A. 可能使胎圈座移动错位　　　　　　　B. 导致轮胎被压扁

C. 导致渗漏，进而损伤轮毂和轮胎　　　D. 可能导致轮胎黏上地面的油污

6. 施工过程中，反推的打开与关闭方法有哪些？（　　　）

A. 使用驾驶舱反推手柄进行收放

B. 使用人力手动打开或关闭反推

C. 使用地面反推液压设备打开或关闭反推

D. 使用电动机打开

三、问答题

1. 打开反推整流罩之前的操作步骤是什么？

2. EMDP 壳体回油滤组件安装时，有哪些步骤将壳体回油滤其他部件安装到新件上？

3. 更换固定式着陆灯时，对新灯泡进行测试的程序是什么？

4. 执行点火系统工作之前，应确保点火激励器断电多长时间，为什么？

5. 拆卸机轮组件前应对轮胎进行放气，为什么？